冶金工业出版社

普通高等教育“十四五”规划教材

# 安全系统工程

朱令起　柳晓莉　董宪伟　主编

（获取数字资源）

北　京
冶 金 工 业 出 版 社
2023

## 内 容 提 要

本书共6章，主要内容包括安全系统工程的发展简史及其基本概念、研究内容和研究方法，以及危险源辨识、系统安全分析、系统安全预测、系统安全评价和系统安全决策等。

本书可作为高等院校安全工程专业的教学用书，也可供不同行业安全工程领域的技术和管理人员参考。

**图书在版编目(CIP)数据**

安全系统工程/朱令起，柳晓莉，董宪伟主编．—北京：冶金工业出版社，2022.8（2023.11 重印）
普通高等教育“十四五”规划教材
ISBN 978-7-5024-9201-4

Ⅰ.①安… Ⅱ.①朱… ②柳… ③董… Ⅲ.①安全系统工程—高等学校—教材 Ⅳ.①X913.4

中国版本图书馆 CIP 数据核字(2022)第 115833 号

**安全系统工程**

**出版发行** 冶金工业出版社 **电　话** (010)64027926
**地　址** 北京市东城区嵩祝院北巷 39 号 **邮　编** 100009
**网　址** www.mip1953.com **电子信箱** service@mip1953.com

责任编辑 王梦梦 美术编辑 彭子赫 版式设计 郑小利
责任校对 范天娇 责任印制 禹 蕊
北京富资园科技发展有限公司印刷
2022 年 8 月第 1 版，2023 年 11 月第 2 次印刷
787mm×1092mm 1/16；9.75 印张；236 千字；145 页
**定价 39.00 元**

**投稿电话 (010)64027932 投稿信箱 tougao@cnmip.com.cn**
**营销中心电话 (010)64044283**
**冶金工业出版社天猫旗舰店 yjgycbs.tmall.com**
（本书如有印装质量问题，本社营销中心负责退换）

# 前　言

保障人民群众安全是全社会的共同责任，也是社会进步的必要条件。安全生产是我国社会主义现代化建设的重要保障，是我们在生产经营中贯彻的一个重要理念。安全系统工程这门学科经过几十年的发展，在消除危险、防治事故、保障人民群众安全等方面取得了很大成效，因而在国内外工业企业中得到了广泛应用。

本书为高等学校安全工程专业教材，是为适应新的教学改革需要在参考同类教材的基础上编写的。本书共6章，第1章绪论，阐述了安全系统工程的产生、发展及基本概念、研究内容和研究方法；第2章危险源辨识，介绍了危险源的概念、分类、辨识方法和重大危险源的基础知识；第3章系统安全分析，介绍了几种常用的系统安全分析方法，如安全检查表、预先危险性分析、故障类型、影响和危险度分析、危险和可操作性研究、鱼刺图法、事件树分析、事故树分析、系统可靠性分析、原因-后果分析；第4章系统安全预测，介绍了几种常用的系统安全预测方法，如德尔菲预测法、时间序列预测法、回归分析法、马尔柯夫链预测法、灰色系统预测法；第5章系统安全评价，介绍了系统安全评价的基础知识，介绍了几种常用的系统安全评价方法，如作业条件危险性评价法、MES评价法、风险指数矩阵评价法、指数评价法；第6章系统安全决策，介绍了系统安全决策的基本概念、常用的系统安全决策方法和安全对策措施。本书结构合理，内容精练，适用于不同行业安全工程的教学。

本书出版得到了华北理工大学的资助，在此对校方的支持表示衷心地感谢。本书第1、2、4章由华北理工大学朱令起老师编写；第3章和第5章由华北理工大学柳晓莉老师编写；第6章由华北理工大学董宪伟老师编写。华北理工大学的赵欢欢、刘康、刘腾耀、丁玮囿、马柠柠、杨龙浩、张朕、马宁、朱永烨、赵天维等同学在本书的编写过程中提出了很多宝贵的意见，在此对以上同学表示感谢。本书编写过程中参考了大量相关的文献，在此对文献的作者也一并表示感谢！

由于编者水平所限，书中不足之处，敬请读者批评指正。

编　者
2022 年 1 月

# 目　　录


**1　绪论** …… 1

1.1　安全系统工程的发展简史 …… 1

1.1.1　安全系统工程的产生 …… 1

1.1.2　安全系统工程的发展 …… 2

1.1.3　我国推广安全系统工程的现状 …… 3

1.2　安全系统工程基础 …… 4

1.2.1　系统 …… 4

1.2.2　系统工程 …… 4

1.2.3　安全系统工程 …… 7

1.3　安全系统工程的研究对象、研究内容和研究方法 …… 8

1.3.1　安全系统工程的研究对象 …… 8

1.3.2　安全系统工程的研究内容 …… 8

1.3.3　安全系统工程的研究方法 …… 9

1.4　本章小结 …… 10

复习思考题 …… 10

**2　危险源辨识** …… 11

2.1　危险源辨识基础 …… 11

2.1.1　危险源的概念 …… 11

2.1.2　事故隐患的概念 …… 12

2.1.3　危险源的分类 …… 12

2.1.4　危险源控制 …… 13

2.1.5　系统危险性评价 …… 13

2.1.6　危险源辨识、评价与控制的实施 …… 13

2.2　危险源辨识的方法 …… 14

2.2.1　危险有害因素辨识的原则 …… 14

2.2.2　危险有害因素辨识的方法 …… 15

2.2.3　危险有害因素的分类 …… 16

2.3　重大危险源 …… 19

2.3.1　与重大危险源相关的几个基本概念 …… 20

2.3.2 重大危险源的辨识指标 …… 20
2.3.3 重大危险源分级 …… 20
2.4 本章小结 …… 21
复习思考题 …… 22

**3 系统安全分析** …… 23

3.1 系统安全分析概述 …… 23
3.1.1 系统安全分析的主要内容 …… 23
3.1.2 常用的系统安全分析方法 …… 23
3.1.3 系统安全分析方法的选择 …… 23
3.2 安全检查表 …… 25
3.2.1 安全检查表的编制依据及方法 …… 25
3.2.2 安全检查表的格式 …… 26
3.2.3 安全检查表的特点 …… 28
3.2.4 安全检查表应用举例 …… 29
3.3 预先危险性分析 …… 29
3.3.1 预先危险性分析的程序 …… 30
3.3.2 危险性等级划分与确定 …… 30
3.3.3 预先危险性分析的基本格式 …… 31
3.3.4 预先危险性分析的特点 …… 31
3.3.5 预先危险性分析应注意的问题 …… 32
3.3.6 预先危险性分析举例 …… 32
3.4 故障类型、影响和危险度分析 …… 33
3.4.1 基本概念 …… 34
3.4.2 故障类型与影响分析的步骤 …… 34
3.4.3 可靠性框图 …… 35
3.4.4 故障等级的确定方法 …… 36
3.4.5 故障类型、影响和危险度分析 …… 37
3.5 危险和可操作性研究 …… 39
3.5.1 基本概念和术语 …… 39
3.5.2 危险和可操作性研究的基本步骤 …… 40
3.5.3 引导词及其意义 …… 41
3.5.4 HAZOP 举例 …… 41
3.5.5 HAZOP 的特点 …… 42
3.6 鱼刺图法 …… 42
3.6.1 鱼刺图法定义 …… 42
3.6.2 鱼刺图法特点 …… 43

3.6.3　鱼刺图法应用范围 …… 43
3.6.4　鱼刺图法的步骤 …… 43
3.6.5　鱼刺图法解析及评价应用实例分析 …… 44
3.7　事件树分析 …… 44
3.7.1　事件树分析的基本原理 …… 45
3.7.2　事件树分析的步骤 …… 45
3.7.3　事件树分析图 …… 45
3.7.4　ETA 举例 …… 46
3.7.5　事件树分析的特点和注意事项 …… 48
3.8　事故树分析 …… 49
3.8.1　FTA 基本程序 …… 49
3.8.2　事故树的符号及其意义 …… 50
3.8.3　事故树的编制规则 …… 51
3.8.4　事故树的数学表达 …… 52
3.8.5　事故树定性分析 …… 53
3.8.6　事故树定量分析 …… 61
3.9　系统可靠性分析 …… 67
3.9.1　基本概念 …… 68
3.9.2　可靠性特征量 …… 68
3.9.3　可靠度函数与失效率 …… 70
3.9.4　系统可靠度计算 …… 72
3.9.5　人员可靠性分析 …… 76
3.10　原因-后果分析 …… 79
3.10.1　绘制原因-后果图 …… 79
3.10.2　收集基础数据、计算后果事件的概率 …… 80
3.10.3　计算风险率 …… 81
3.10.4　评价 …… 82
3.11　本章小结 …… 82
复习思考题 …… 82

**4　系统安全预测** …… 84

4.1　系统安全预测概述 …… 84
4.1.1　系统安全预测的分类 …… 84
4.1.2　系统安全预测的程序 …… 84
4.1.3　系统安全预测的基本原则 …… 85
4.1.4　系统安全预测方法 …… 86
4.2　德尔菲预测法 …… 86

4.2.1 德尔菲预测法的基本程序 …… 86
4.2.2 德尔菲法的特点 …… 88
4.2.3 专家意见的统计处理 …… 89
4.3 时间序列预测法 …… 92
4.3.1 滑动平均法 …… 92
4.3.2 指数滑动平均法 …… 93
4.4 回归分析法 …… 94
4.4.1 一元线性回归法 …… 94
4.4.2 一元非线性回归方法 …… 96
4.5 马尔柯夫链预测法 …… 98
4.6 灰色系统预测法 …… 100
4.6.1 灰含义 …… 100
4.6.2 灰色系统 …… 101
4.6.3 预测步骤 …… 101
4.7 本章小结 …… 104
复习思考题 …… 105

**5 系统安全评价** …… 106

5.1 系统安全评价概述 …… 106
5.1.1 安全评价的目的和作用 …… 106
5.1.2 安全评价分类 …… 107
5.1.3 安全评价的程序 …… 107
5.2 作业条件危险性评价法 …… 109
5.2.1 方法介绍 …… 109
5.2.2 优缺点及适用范围 …… 111
5.3 MES 评价法 …… 111
5.4 风险指数矩阵评价法 …… 112
5.4.1 风险指数矩阵评价法定义 …… 112
5.4.2 风险指数矩阵评价法特点 …… 112
5.4.3 风险指数矩阵评价法评价程序 …… 112
5.4.4 风险指数矩阵评价法应用实例 …… 114
5.5 指数评价法 …… 114
5.5.1 美国道化学公司火灾爆炸指数评价法 …… 114
5.5.2 英国帝国化学公司蒙特法 …… 123
5.6 本章小结 …… 129
复习思考题 …… 129

**6　系统安全决策** …… 130
6.1　安全决策概述 …… 130
6.1.1　决策的种类 …… 130
6.1.2　安全决策的基本程序 …… 131
6.2　安全决策的方法 …… 132
6.2.1　ABC 分析法 …… 132
6.2.2　智力激励法 …… 134
6.2.3　评分法 …… 134
6.2.4　决策树分析法 …… 136
6.2.5　模糊决策法 …… 138
6.3　安全对策措施 …… 141
6.3.1　危险控制的目的 …… 141
6.3.2　危险控制技术 …… 141
6.3.3　危险控制的原则 …… 141
6.3.4　安全对策措施的基本要求及应遵循的原则 …… 142
6.3.5　安全技术对策措施 …… 143
6.3.6　安全管理对策措施 …… 144
6.4　本章小结 …… 144
复习思考题 …… 144

**参考文献** …… 145

# 1 绪　　论

安全系统工程是20世纪60年代发展起来的，是安全科学的重要部分。安全系统工程是以安全学和系统学为基础，以安全工程、系统工程、可靠性工程等技术为手段，对系统风险进行分析、预测、评价、控制，以实现系统及其全寿命周期的安全为目标的科学技术。安全系统工程的基本理论和技术涉及自然科学和社会科学，是安全科学学科的一个重要分支，也是现代科技发展的必然产物。

## 1.1　安全系统工程的发展简史

### 1.1.1　安全系统工程的产生

事故给人类带来巨大损失，严重地制约了经济发展和社会进步。然而，事故的惨痛教训也促进人们致力于生产安全方面的不断研究和进步。首先，事故具有鲜明的反面教育作用，它向人们展示了破坏的恶果，促使人们必须按照科学规律办事。其次，事故是一种特殊的科学实验。一个系统发生事故，说明该系统存在某些不安全、不可靠的问题，从而以事故的形式补齐设计时应做而没做，或想做而没敢做（没有经费）的实验。人们通过对事故调查、分析找出事故原因，研究并采取了有效控制事故的措施，改造了系统工艺、设备，从而提高了系统的性能，发展了专业技术。最后，事故也是诞生新科学技术的催化剂。事故的强大负面效应对人类产生巨大的冲击作用，从而激发人类以更大的决心和更大的力量研究事故。通过对事故信息资料的收集、整理、分析、研究，也就是充分开发利用“事故资源”，一个崭新的自然科学学科就在人们这种不懈努力与坚苦卓绝的斗争中诞生了，这就是作用力与反作用力的作用机制。在科学技术发展的历史长河中，几乎每一个学科的诞生都离不开事故这种反作用力的作用。

安全系统工程也正是在这种事故的反作用下应运而生的。安全系统工程产生于20世纪50年代美、英等工业发达国家。1957年苏联发射了第一颗地球人造卫星之后，美国为了赶上空间优势，匆忙地进行导弹技术开发，实行所谓研究、设计、施工齐头并进的方法，由于对系统的可靠性和安全性研究不足，在一年半的时间内连续发生了4次重大事故，每一次都造成了数以百万计美元的损失，最后不得不全部报废，从头做起。这种情况迫使美国空军以系统工程的基本原理和管理方法来研究导弹系统的安全性、可靠性，并于1962年第一次提出了“弹道导弹系统安全工程”，制定了《武器系统安全标准》，并于1963年提出了《系统安全程序》。到1967年7月由美国国防部确认，将该标准定为美军标准，之后又经两次修订，成为现在的《系统安全程序要求》（MIL-STD-882B）。它以标准的形式规范了美国军事系统的工程项目、在招标及研发过程中对安全性的要求和管理程序、管理方法、管理目标，首次奠定了安全系统工程的概念，以及设计、分析、综合等基本原则，这就是由事故引发的军事系统的安全系统工程。

原子弹爆炸所造成的后果是可怕的，从而使人们心里存在着对以放射性物质为动力的核电站的恐惧心理。因此，在社会压力下各国政府对核电站的要求极其严格，同时在核安全研究方面投入了巨大的人力、物力。英国在这方面的研究开始比较早，从20世纪60年代中期开始收集有关核电站故障的数据，在系统的安全性和可靠性问题方面，采用了概率评价方法，成功开发了概率风险评价（PRA）技术，后来进一步推动了定量评价的工作，并设立了系统可靠性服务所和可靠性数据库，从而以概率来计算核电站系统风险大小以及是否可以接受。1974年美国原子能委员会发表了拉斯姆逊教授的《商用核电站风险评价报告》(WASH-1400)。这项报告是该委员会委托麻省理工学院的拉斯姆逊教授，组织了十几个人，用了两年时间，花了300万美元完成的。报告收集了核电站各个部位历年发生的故障及其概率，采用了事件树和事故树的分析方法，作出了核电站的安全性评价。这个报告发表后，引起了世界各国同行的关注，从而成功地开发和应用了系统安全分析和系统安全评价技术。该报告的科学性和对事故预测的准确性得到了“三哩岛事件”（核电站堆芯熔化造成放射性物质泄漏事故）的证实，这就是应用于核工业的安全系统工程。

化工企业的危险性和化工事故的危害性是众所周知的。随着工业规模的扩大和事故破坏后果的日益严重化，迫使化工企业加倍努力，严格控制事故，特别是化工厂的火灾爆炸事故。为此，美国道化学公司于1964年发表了化工厂“火灾爆炸指数评价法”，俗称道氏法，该法经过多年的实践使用，修改了6次，出了7版，并出版了教科书。该法是根据化学物质的理化特性确定的物质系数为基础，综合考虑一般工艺过程和特殊工艺过程的危险特性，计算系统火灾爆炸指数，评价系统损失大小，并据此考虑安全措施，修正系统风险指数。之后，英国帝国化学公司在此基础上开发了蒙特法，日本提出了岗山法。20世纪70年代日本劳动省发表的评价方法是以分析与评价、定性评价与定量评价相结合为特点的“化工企业安全评价指南”，亦称“化工企业六步骤安全评价法”。该评价法是一种对化工系统的全过程进行评价的管理规范。它不仅规定了评价方法、评价技术，也规定了系统生命周期每个阶段用哪种评价方法、如何进行评价等，这就是应用于化工系统的安全系统工程。

民用工业也存在安全系统工程的诞生与发展问题。20世纪60年代正是美国市场竞争日趋激烈的年代，许多新产品在没有得到安全保障的情况下就投放市场，造成许多使用事故，用户纷纷要求厂方赔偿损失，甚至要求追究厂方刑事责任，迫使厂方在开发新产品的同时寻求提高产品安全性的新方法、新途径。这期间，在电子、航空、铁路、汽车、冶金等行业开发了许多系统安全分析方法和评价方法，这是应用于民用工业的安全系统工程。

### 1.1.2 安全系统工程的发展

当前，安全系统工程已普遍引起了各国的重视，国际安全系统工程学会每两年举办一次年会，讨论议题涉及面非常广泛，这门学科也越来越引起人们的兴趣。在我国，安全系统工程的研究、开发是从20世纪70年代末开始的。天津东方化工厂应用安全系统工程成功地解决了高度危险企业的安全生产问题，为我国各个领域学习以及应用安全系统工程起了带头作用。

其后各类企业借鉴引用国外的系统安全分析方法，对现有系统进行分析。到20世纪

80年代中后期，人们研究的注意力逐渐转移到系统安全评价的理论和方法，开发了多种系统安全评价方法，特别是企业安全评价方法，重点解决了对企业危险程度的评价和企业安全管理水平的评价问题。

发展至今，许多专家学者的相关专著相继问世，系统地总结了国内外安全系统工程的理论与方法，这些论著都有以下共同观点。

（1）安全系统工程是在事故逼迫下产生的。安全系统工程也好，系统安全工程也好，都是在人类从事社会经济活动中由于发生事故的规模巨大，事故损失惨重，以致人们再也承受不起这么严重的灾难，不得不在现有安全工程技术基础上，寻找能够预测、预控事故的科学技术，安全系统工程就是在这样的背景下诞生的。

（2）现代科学技术的发展为安全系统工程的产生提供了必要条件。20世纪40年代产生了系统可靠性工程，50年代出现了系统工程，以及这一期间现代数学和计算机技术的迅速发展，使安全系统工程在20世纪60年代成为科学技术发展的必然产物，也是相关学科相互影响的必然结果。

（3）美国导弹技术的开发促使安全系统工程的诞生，但它不是安全系统工程产生的唯一策源地。美国导弹技术的开发深入地研究了系统安全性和控制系统安全性的手段与方法，从而出现了空军标准《系统安全程序》和《系统安全程序要求》。同时也必须看到，在同一时期，还有核电站的概率风险评价技术，化工企业的火灾爆炸指数评价法，以及涉及产品安全的系统安全分析技术，这些行业的安全系统工程都是在20世纪60年代短短几年时间产生的，因此，可以顺理成章地把所有这些成功的理论通过科学的总结形成一个完整的学科——安全系统工程。

（4）安全系统工程不仅包括分析与评价技术，也应包括管理程序、管理方法等管理科学的内容，它也是以系统工程为基础的学科。各类有关安全系统工程的论著，其内容都是以系统工程为基本原理，包括系统安全分析、系统安全预测、系统安全评价和系统安全控制等几方面的内容。通过分析、预测和评价认识风险，通过工程技术管理控制风险，使系统安全性达到预定的目标。

### 1.1.3 我国推广安全系统工程的现状

20世纪80年代以前，我国对安全工作虽然给予了高度的重视，每年也花费了大量的资金，但往往是采取“问题出发型”的办法，也就是说发生事故以后才去找原因和防治措施，这就很难从根本上解决问题。

自从钱学森教授提出了“系统工程是组织管理的科学”这一著名论断之后，我国安全研究和管理人员深感必须采用系统工程的方法，才能真正改变企业安全工作的被动局面。也就是说，必须采用“问题发现型”，事先采用安全系统工程方法，找出系统中的所有危险性，加以辨识、分析和评价，从而找出解决问题的措施，防患于未然。

1982年，我国首次组织了安全系统工程讨论会，由研究单位、大专院校和重要企业等方面的同志参加。会上研究了我国发展安全系统工程的方向，并组织分工进行事故预先分析（PHA）、故障类型和影响分析（FMEA）、事件树分析（ETA）和事故树分析（FTA）等分析方法的研究，同时开展了安全检查表的推广应用工作。

几十年来，我国推广应用安全系统工程主要表现在以下几方面。

（1）安全检查表得到普遍的应用。由于检查表能够事先编制，可集中有经验人员的智慧，经过缜密考虑，问题能提到点子上，编制出的安全检查表具有系统性，检查时以它为据，且简单易行，深受企业领导和广大职工的欢迎。

（2）普遍使用事故树分析方法查找事故原因。由于事故树分析方法是一种演绎方法，是采用逻辑推理的办法，由顶事件查找各个基本原因事件。因此，很多使用者发现，有些基本原因事件是事先未能考虑到的或未曾注意过的。不少企业根据这种方法改变了工艺流程和操作方法，取得了较好的效果。不少企业还针对特殊危险的岗位编制了形象化的事故树挂在操作岗位旁边，说明会造成危险的几条途径，工人看起来一目了然，帮助他们提高了紧急处理事故的能力。有的企业将事故树分析的结果编入了安全检查表，使检查表更加切合实用。

（3）安全系统工程方法正在引起更多人的注意，被不断深入地进行研究。例如，如何正确地采用可靠性研究，故障类型影响分析以及评价技术等。

（4）学者们在不断尝试将新的方法引入安全系统工程。例如将模糊数学的方法引入了系统安全评价，编制了事故树分析中求取最小割集、最小径集和概率重要度的计算程序等。

## 1.2 安全系统工程基础

### 1.2.1 系统

由相互作用和相互依赖的若干组成部分结合成的具有特定功能的有机整体称为系统，而且这个系统本身又是它所从属的一个更大系统的组成部分。

一般来讲，系统应具有以下 4 个属性。

（1）整体性。系统是由至少两个或两个以上的要素（元件或子系统）组成，它们构成了一个具有统一性的整体系统。要素间不是简单的组合，而是组合后构成了一个具有特定功能的整体。换句话说，即使每个要素并不都很完善，但它们可以综合、统一成为具有良好功能的系统。反之，即使每个要素是良好的，但构成整体后并不具备某种良好的功能，也不能称之为完善的系统。

（2）相关性。系统内各要素之间是有机联系和相互作用的，要素之间具有相互依赖的特定关系。例如，对于电子计算机系统来说，各种运算、储存、控制、输入输出装置等各个硬件和操作系统、程序等软件都是子系统，它们之间通过特定的关系，有机地结合在一起，就形成了一个具有特定功能的计算机系统。

（3）目的性。所有系统都是为了实现一定的目标，没有目标就不能称之为系统。不仅如此，设计、制造和使用系统，最后都是希望完成特定的功能，而且要达到效果最好。这就是所谓的最优计划、最优设计、最优控制和最优管理与使用等。

（4）环境适应性。任何一个系统都处于一定的物质环境之中，系统必须适应外部环境条件的变化，而且在研究系统的时候，必须重视环境对系统的作用。

### 1.2.2 系统工程

系统工程是以系统为研究对象，以达到总体最佳效果为目标，为达到这一目标而采取组织、管理、技术等多方面的最新科学成就和知识的一门综合性的科学技术。

#### 1.2.2.1 系统工程的研究方法

系统工程的研究方法主要包括以下内容。

(1) 工程逻辑。从工程的观点出发，用逻辑学与哲学的一般思维方法进行系统的探讨和应用，同时把符号逻辑作为重要内容，采用的工具包括：布尔代数、关系代数、决策研究、数学函数等。

(2) 工程分析。运用基本理论（如物质不灭定律、能量守恒定律等），系统地有步骤地解决各类工程问题。采取的步骤包括：弄清问题、选择解决问题的恰当方法、实施、分析、总结。在分析过程中需要正确地运用数学方法。

(3) 概率论与数理统计。在系统工程中还经常用到概率论与数理统计，这是由系统工程的数学特点所决定的，即系统的输入量与输出量带有很大的随机性，并且在复杂的系统工程中常常会遇到随机函数问题。因此需要采用概率论与数理统计理论来处理系统工程中所遇到的数学问题。

(4) 运筹学。运筹学指有目标地、定量地做出决策，在一定的制约条件下使系统达到最优化。目前，一般认为运筹学是系统工程最重要的技术内容与数学基础。运筹学的内容包括：线性规划、动态规划、排队论、决策论、优选法等。但是在实际运用中，应当根据所研究对象的复杂程度，确定采用运筹学的内容。

#### 1.2.2.2 系统工程原理

##### A 系统原理

安全系统工程的研究对象是一个系统，它包含若干分系统（子系统），同时又和外界的其他系统有着横向的联系，必须运用系统理论、观点和方法进行研究，这就是系统原理。

(1) 动态相关性原则。构成系统的各个要素是运动和发展的，而且是相互关联的，它们之间既相互联系又相互制约，这就是动态相关性原则。

(2) 整分合原则。整分合原理是在整体规划下明确分工，在分工基础上进行有效的综合。其中，整体规划是在对系统进行深入、全面分析的基础上，把握系统运动规律，确定整体目标，制订规划与计划。分工是指确定系统构成，明确各个局部的功能，对整体目标分解，确定各个局部的责、权、利。有效的综合是指对各个局部进行有力的组织管理，使各个局部协调配合、综合平衡地发展，保证最佳整体效应。

(3) 反馈原则。反馈是控制过程中对控制机构的反作用。成功、高效的管理，离不开灵敏、准确、迅速的反馈。

(4) 封闭原则。指在安全管理系统内部，管理手段、管理过程等必须构成一个连续封闭的回路，才能形成有效的管理活动。按照系统原理的封闭原则，在企业安全管理体系内各种管理机构之间，各种管理制度、方法之间，必须具有紧密的联系，形成相互制约的回路，安全管理才能有效闭环管理。

##### B 人本原理

在管理活动中，把人的因素放在首位，体现以人为本的指导思想，就是人本原理。以人为本有两层含义：一是所有的管理活动都是以人为本来展开的，人既是管理的主体，又是管理的客体，每个人都处于一定的管理层面上，离开人就无所谓管理；二是管理活动中，作为管理对象的要素和管理系统的各个环节，都需要人掌握、运作、推动和实施。

（1）能级原则。一个稳定而高效的管理系统必须是由若干分别具有不同能级的子系统有规律地组合而成的，这就是能级原理。管理系统中能级的划分不是随意的，它们的组合也不是随意的，必须按照一定的要求，有规律地建立起管理系统的能级结构。

（2）动力原则。推动管理活动的基本力量是人，管理必须有能够激发人的工作能力的动力，这就是动力原则。对于管理系统，有 3 种动力，即物质动力、精神动力和信息动力。

（3）激励原则。管理中的激励就是利用某种外部诱因的刺激，调动人的积极性和创造性。以科学的手段，激发人的内在潜力，使其充分发挥积极性、主动性和创造性，这就是激励原则。人的工作动力来源于内在动力、外部压力和工作吸引力。

（4）行为原则。需要与动机是决定人的行为的基础，人类的行为规律是需要决定动机，动机产生行为，行为指向目标，目标完成需要得到满足，于是又产生新的需要、动机、行为，以实现新的目标。安全生产的工作重点是防止人的不安全行为。

（5）纪律原则。组织内部从上到下应该制定并遵守共同认可的行为规范，违反了纪律就应该得到相应的惩罚。

C 预防原理

通过有效的管理和技术手段，减少和防止人的不安全行为和物的不安全状态，从而使事故发生的概率降到最低的基本规律。

（1）偶然损失原则。事故所产生的后果（人员伤亡、健康损害、物质损失等），以及后果的严重程度，都是随机的，是难以预测的。反复发生的同类事故，并不一定产生相同的后果。根据事故损失的偶然性，无论事故是否造成了损失，无论事故损失的大小，都必须做好预防工作。

（2）因果关系原则。因果，即原因和结果。因果关系就是事物之间存在着一事物是另一事物发生的原因这种关系。事故是许多因素互为因果连续发生的最终结果。一个因素是前一因素的结果，而又是后一因素的原因，环环相扣，导致事故的发生。事故的因果关系决定了事故发生的必然性，即事故因素及其因果关系的存在决定了事故迟早必然要发生。只要诱发事故的因素存在，发生事故是必然的。掌握事故的因果关系，消除事故因素，就能预防事故的发生。

（3）3E 原则。造成人的不安全行为和物的不安全状态的主要原因可归结为 4 个方面：技术的原因、教育的原因、身体和态度的原因、管理的原因。针对这 4 个方面的原因，可以采取 3 种防止对策，即工程技术（engineering）对策、教育（education）对策和管理（enforcement）对策，这 3 种对策就是所谓的 3E 原则。通过运用 3E 原则，可以有效预防事故的发生。

（4）本质安全化原则。即从一开始和从本质上实现安全化，从根本上消除事故发生的可能性，从而达到预防事故发生的目的。本质安全化是预防原理在现代安全管理中的具体体现和根本应用，也是安全管理的最高境界。设备、设施或技术工艺含有内在的能够从根本上防止发生事故的功能，本质安全化的含义不仅局限于设备、设施的本质安全化，而应扩展到诸如新建工程项目、交通运输、新技术、新工艺、新材料的应用，甚至包括人们的日常生活等各个领域中。

D 强制原理

强制原理即采取强制管理的手段控制人的意愿和行动，使个人的活动、行为等受到安全管理要求的约束，从而实现有效安全管理的基本规律。

（1）安全第一原则。安全第一就是要求在进行生产和其他活动时，把安全工作放在一切工作的首要位置。当生产和其他工作与安全发生矛盾时，要以安全为主，生产和其他工作要服从安全。安全第一是安全生产管理的基本原则，也是安全生产方针的重要内容，贯彻安全第一原则，就是要把保证安全作为完成各项任务、做好各项工作的前提条件。

（2）监督原则。为促使各级生产管理部门严格执行安全法律、法规、标准和规章制度，保护职工的安全与健康，实现安全生产，必须授权专门的部门和人员行使监督、检查和惩罚的职责，以揭露安全工作中的问题，督促问题的解决。追究和惩戒违章失职行为，是强制原理的具体运用。

E 责任原理

各级组织和个人负责任并履行职责，这是实现安全的基石。责任是指责任主体方对客体方承担必须承担的任务，完成必须完成的使命，做好必须做好的工作。在管理活动中，责任原理是指管理工作必须在合理分工的基础上，明确规定各级部门和个人必须完成的工作任务和相应的责任。

1.2.2.3 采用系统工程解决安全问题的原因

采用系统工程解决安全问题的原因有以下几点。

（1）使用系统工程方法，可以识别存在于各个要素本身、要素之间的危险性。危险性存在于生产过程的各个环节，例如，原材料、设备、工艺、操作、管理之中，这些危险性是产生事故的根源。安全工作的目的就是要识别、分析、控制和消除这些危险性，使之不能发展成为事故。利用系统可分割的属性，可以充分地、不遗漏地揭示存在于系统各要素（元件或子系统）中存在的所有危险性，然后就可以对危险性加以消除，对不协调的部分加以调整，这就有可能消除事故的根源并使安全状态得到优化。

（2）使用系统工程方法，可以了解各要素间的相互关系，消除各要素由于互相依存、互相结合而产生的危险性。要素本身可能并不具有危险性，但当它们有机地结合构成系统时，便可能产生危险。这个情况往往发生在子系统的交接面或相互作用时。人机交接面是多发事故的场所，最突出的例子如人和压力机、传送设备等的交接面。对交接面的控制，在很大程度上可以减少伤亡事故。

（3）系统工程方法可以解决很多安全问题。例如，使用数理统计、概率论和可靠性理论已经广泛地应用于预测风险、分析事故。所以可以说采用系统工程方法可以使系统的安全达到最佳状态。

### 1.2.3 安全系统工程

所谓安全系统工程，是指采用系统工程方法，识别、分析、评价系统中的危险性，根据其结果调整工艺、设备、操作管理、生产周期和投资等因素，使系统可能发生的事故得到控制，并使系统安全性达到最好的状态。

## 1.3 安全系统工程的研究对象、研究内容和研究方法

### 1.3.1 安全系统工程的研究对象

安全系统工程作为一门科学技术，有它本身的研究对象。任何一个生产系统都包括3个部分，即从事生产活动的操作人员和管理人员，生产必需的机器设备、厂房等物质条件，以及生产活动所处的环境。这3个部分构成一个“人—机—环境”系统，每一部分就是该系统的一个子系统，分别称为人子系统、机器子系统和环境子系统。

1.3.1.1 人子系统

人子系统的安全与否涉及人的生理和心理因素，以及规章制度、规程标准、管理手段、方法等是否适合人的特性，是否易于为人们所接受的问题。研究人子系统时，不仅把人看作“生物人”“经纪人”，更要看作“社会人”，必须从社会学、人类学、心理学、行为科学角度分析问题、解决问题；不仅把人子系统看作系统固定不变的组成部分，更要看到人是一种自尊自爱、有感情、有思想、有主观能动性的人。

1.3.1.2 机器子系统

对于机器子系统，不仅要从工件的形状、大小、材料、强度、工艺、设备的可靠性等方面考虑其安全性，而且要考虑仪表、操作部件对人提出的要求，以及从人体测量学、生理学、心理与生理过程等有关参数对仪表和操作部件的设计提出要求。

1.3.1.3 环境子系统

对于环境子系统，主要应考虑环境的理化因素和社会因素。理化因素主要有噪声、振动、粉尘、有毒气体、射线、光、温度、湿度、压力、化学等有害物质等；社会因素有管理制度、工时定额、班组结构、人际关系等。

人、机、环境三者相互影响、相互作用的结果，就是使系统或生产过程总体安全性处于某种状态。例如，环境因素影响机器的寿命，甚至损坏机器；机器产生的噪声、振动、高温、尘毒又对环境、人的生理和心理生产影响；人的心理状态、生理状况往往是引起误操作的主观因素；社会环境因素又会影响人的心理状态，产生不安全行为，给安全带来潜在危险。这就是说，这3个相互联系、相互制约、相互影响的子系统构成了一个“人—机—环境”系统的有机整体。

### 1.3.2 安全系统工程的研究内容

安全系统工程是专门研究如何用系统工程的原理和方法确保实现系统安全功能的科学技术。其主要研究内容有危险源辨识、系统安全分析、系统安全预测、系统安全评价和系统安全决策。

1.3.2.1 危险源辨识

危险源辨识是发现、识别系统中危险源的工作。这是一项非常重要的工作，它是危险源控制的基础，只有辨识了危险源之后，才有可能有的放矢地考虑如何采取措施控制危险源。

1.3.2.2 系统安全分析

要提高系统的安全性，使其不发生或少发生事故，其前提条件是在危险源辨识的基础上，全面掌握危险源的基本特点，明确其对系统安全性影响的程度。系统安全分析就是使用系统工程的原理和方法辨别、分析系统存在的危险因素，并根据实际需要对其进行定性、定量描述的一种技术方法。

1.3.2.3 系统安全预测

系统安全预测是对系统未来的安全状况进行预测，预测有哪些危险及其危险程度，以便对可能发生的事故进行预防和预报。通过系统安全预测，可以掌握企业或部门事故的变化趋势，协助人们认识危险的客观规律，从而制定相应的政策、发展规划以及技术方案，来控制事故的发生和发展趋势。

1.3.2.4 系统安全评价

系统安全评价往往要以系统安全分析为基础，通过分析和了解去掌握系统存在的危险因素。系统安全评价不一定要对所有危险因素采取措施，而是通过评价掌握系统的事故风险大小，以此与预定的系统安全指标相比较，如果超出指标，则应对系统的主要危险因素采取控制措施，使其降至该指标以下。

1.3.2.5 系统安全决策

系统安全决策就是针对生产活动中需要解决的特定安全问题，根据安全标准、规范和要求，运用现代科学技术知识和安全科学的理论与方法，提出各种安全措施方案，经过分析、论证与评价，从中选择最优方案并予以实施的过程。

### 1.3.3 安全系统工程的研究方法

安全系统工程的研究方法是依据安全学理论，在总结过去经验型安全方法的基础上发展起来的，概括起来可以归纳为以下几个方面。

(1) 从系统整体出发的研究方法。安全系统工程的研究方法必须从系统的整体性观点出发，从系统的整体考虑，解决安全问题的方法、过程和要达到的目标。例如，对每个子系统安全性的要求，要与实现整个系统的安全功能和其他功能的总体要求相符合。在系统研究过程中，子系统和系统之间的矛盾以及子系统与子系统之间的矛盾，都要采用系统优化方法寻求各方面均可接受的满意解。同时要把安全系统工程的优化思路贯穿到系统的规划、设计、研制和使用等各个阶段中。

(2) 本质安全方法。这是安全技术追求的目标，也是安全系统工程方法中的核心。由于安全系统工程把安全问题中的“人—机—环境”作为一个“系统”来考虑，因此，不管是从研究内容来考虑还是从系统目标来考虑，核心问题就是本质安全化，就是研究实现系统本质安全的方法和途径。

(3) 人-机匹配法。在影响系统安全的各种因素中，至关重要的是人-机匹配。产业部门研究与安全有关的人-机匹配称为安全人机工程；人类生存领域研究与安全有关的人-机匹配称为生态环境和人文环境问题。显然从安全的目标出发，考虑人-机匹配，以及采用人-机匹配的理论和方法是安全系统工程方法的重要支撑点。

(4) 安全经济方法。由于安全的相对性原理，安全的投入与安全状况在一定经济、技术水平条件下有对应关系。也就是说，安全系统的“优化”同样受制于经济。但是由于安全经济的特殊性（安全性投入与生产性投入的渗透性、安全投入的超前性与安全效益的滞后性、安全效益评价指标的多目标性、安全经济投入与效用的有效性等），就要求安全系统工程方法在考虑系统目标时，要有超前的意识和方法，要有指标（目标）的多元化的表示方法和测算方法。

（5）系统安全管理方法。安全系统工程从学科的角度讲是技术与管理相交叉的学科，从系统科学原理的角度讲它是解决安全问题的一种科学方法。所以，安全系统工程是理论与实践紧密结合的专业技术基础，系统安全管理方法则贯穿到安全的规划、设计、检查与控制的全过程。系统安全管理方法是安全系统工程方法的重要组成部分。

## 1.4 本章小结

（1）安全系统工程产生于20世纪50年代美、英等工业发达国家，是在事故的反作用下应运而生的，在军事、化工、民用工业等领域得到了广泛的应用。

（2）系统是由相互作用和相互依赖的若干组成部分结合成的具有特定功能的有机整体。系统工程是以系统为研究对象，以达到总体最佳效果为目标，为达到这一目标而采取组织、管理、技术等多方面的最新科学成就和知识的一门综合性的科学技术。

（3）安全系统工程的研究对象是“人—机—环境”系统，安全系统工程的主要研究内容包括危险源辨识、系统安全分析、系统安全预测、系统安全评价和系统安全决策等内容。

### 复习思考题

1-1 什么是系统？系统具有哪些基本属性？
1-2 什么是系统工程？系统工程的原理有哪些？
1-3 安全系统工程的研究对象是什么？
1-4 安全系统工程的研究方法有哪些？
1-5 举例说明安全系统工程在生产或生活中的应用。

# 2 危险源辨识

20 世纪 70 年代以来，预防重大工业事故引起国际社会的广泛重视，已成为各国社会、经济和技术发展的重点研究对象之一。1993 年 6 月，第 80 届国际劳工大会通过的《预防重大工业事故公约》将“重大事故”定义为：在重大危害设施内的一项活动工程中出现意外的突发性的事故，其中涉及一种或多种危险物质，并导致对工人、公众或环境造成即刻的或延期的严重危害。

由于事故频繁发生，预防和控制事故也成为各国广泛关注的对象，人们逐渐意识到危险源是导致事故的根源，危险源在没有触发之前是潜在的，常不被人们所认识和重视，因此需要通过一定的方法进行辨识（分析界定）。

危险源辨识的目的就是通过对系统的分析界定出系统中的哪些部分、区域是危险源，其危险的性质、危害程度、存在状况、危险源能量与物质转化为事故的转化过程规律、转化的条件、触发因素等，以便有效地控制能量和物质的转化，使危险源不至于转化为事故。它是利用科学方法对生产过程中那些具有能量物质的性质、类型、构成要素、触发因素或条件，以及后果进行分析与研究，做出科学判断，为控制事故发生提供必要的、可靠的依据。

## 2.1 危险源辨识基础

### 2.1.1 危险源的概念

危险源的英文为“hazard”，英文词典给出其词义为“危险的源头（source of danger）”。安全科学技术方面的文献资料关于危险源概念主要有以下几种。

（1）W. 哈默（Willie Hammer）将危险源定义为：可能导致人员伤害或财务损失事故的、潜在的不安全因素。危险源具有“潜在”和“能导致事故”两个重要属性。

（2）危险源是指一个系统中具有潜在能量和物质释放危险的、在一定的触发因素作用下可转化为事故的部位、区域、场所、空间、岗位、设备及其位置。危险源是能量、危险物质集中的核心，是能量从哪里传出来或爆发的地方。这种危险源概念的解释使用的是更贴近实际生产活动的语言，但未揭示危险源概念的本质。

（3）危险源是可能导致伤害或疾病、财产损失、工作环境破坏或这些情况组合的根源或状态。在此基础上，有人将危险源进一步划分为“根源危险源”和“状态危险源”两类。根源危险源是指能量或危险物质；状态危险源通常是针对特定的根源危险源而言的，也就是说，某些条件或状态（或情形、境遇、形势、状况）可能会使特定的根源危险源发生能量或危险物质的异常转移，并可能最终导致事故或未遂事件的发生。

（4）危险源是产生事故或安全问题的根源，包括危险因素和有害因素，有时也称隐患。危险因素是指能对人造成伤亡或对物造成突发性损坏的因素；有害因素是指能影响人的身体健康，导致疾病（含职业病），或对物造成慢性损坏的因素；隐患是指隐藏的祸患，事故隐患即隐藏的、可能导致事故的祸患。危险源的含义非常广泛，它可以是物质的，有确定的物理位置；也可以是意识上的，没有确定的物理位置，可能存在于人们的思想上。管理安排不当、违章指挥、缺乏安全意识、培训不充分等都可以看作危险源。将危险源分为物质性和非物质性两大类，反映了危险源的存在形式。

### 2.1.2 事故隐患的概念

事故隐患是指生产经营单位违反安全生产法律、法规、规章、标准、规程和安全生产管理制度的规定，或者因其他因素在生产经营活动中存在可能导致事故发生的物的危险状态、人的不安全行为和管理上的缺陷。

事故隐患分为一般事故隐患和重大事故隐患。一般事故隐患，是指危害和整改难度较小，发现后能够立即整改排除的隐患。重大事故隐患，是指危害和整改难度较大，应当全部或局部停产停业，并经过一定时间整改治理方能排除的隐患，或者因外部因素影响致使生产经营单位自身难以排除的隐患。

### 2.1.3 危险源的分类

危险源可能导致事故发生的概率和事故后果的严重程度有一定的差异，所以，对危险源的识别和控制方法也不尽相同。根据危险源在事故发生、发展中的作用，把危险源划分为两大类，即第一类危险源和第二类危险源。

#### 2.1.3.1 第一类危险源

事故是能量的意外释放作用于人体造成伤害。所以，在生产现场中产生能量的能量源或拥有能量的能量载体属于第一类危险源。

常见的第一类危险源包括：带电的导体；奔驰的车辆；产生、供给能量的装置、设备；使人体或物体具有较高势能的装置、设备、场所（如起重吊车及其下方）；能量载体；一旦失控可能发生能量突然释放的装置、设备、场所（如各种压力容器等）；有火灾、爆炸、中毒危险的各种物质和生产、加工、储存这些危险物质的装置、设备、场所。第一类危险源的危险性与能量的高低、数量的多少有密切关系。

#### 2.1.3.2 第二类危险源

导致约束、限制能量的措施（屏蔽）失控、失效或破坏的各种不安全因素称作第二类危险源。

人的不安全行为和物的不安全状态是造成能量或危险物质意外释放的直接原因。从系统安全的观点而言，这些原因因素，包括人、物、环境 3 个方面的问题。

人失误可能直接破坏对第一类危险源的控制；人失误也可能造成物的故障，进而导致事故发生。例如，工人超载起吊重物造成钢丝绳断裂，发生重物坠落伤人事故。

物的故障，是指由于性能低下不能实现预定功能的现象。物的不安全状态即是一种故障状态。物的故障可使约束、限制能量或危险物质的措施失效而发生事故。例如电线绝缘损坏发生漏电；管路破裂使其中有毒有害介质泄漏；压力容器泄压装置故障，使内部介质压力上升、导致容器破裂等。人失误会造成物故障；物故障也会诱发人失误。

环境因素主要指系统运行的环境，包括温度、湿度、照明、粉尘、通风换气、噪声和振动等物理环境，以及企业和社会的软环境。不良的物理环境会引起物的故障或人失误。例如，潮湿的环境会加速金属腐蚀而降低结构或容器的强度；工作场所强烈的噪声影响人的情绪，分散人的注意力而发生人失误。企业的管理制度、人际关系或社会环境影响人的心理，可能引起人失误。

第二类危险源往往是一些围绕第一类危险源随机发生的现象，它们出现的情况决定事故发生的可能性。第二类危险源出现得越频繁，发生事故的可能性越大。

### 2.1.4 危险源控制

危险源控制是利用工程技术和管理手段消除、控制危险源，防止危险源导致事故、造成人员伤害和财物损失的工作。危险源控制的基本理论依据是能量意外释放论。

控制危险源主要通过工程技术手段来实现。危险源控制技术包括防止事故发生的安全技术和减少或避免事故损失的安全技术。前者在于约束、限制系统中的能量，防止发生意外的能量释放；后者在于避免或减轻意外释放的能量对人或物的作用。显然，在采取危险源控制措施时，应该着眼于前者，做到防患于未然。另外也应做好充分准备，一旦发生事故时防止事故扩大或引起其他事故（二次事故），把事故造成的损失限制在尽可能小的范围内。

管理也是危险源控制的重要手段。管理的基本功能是计划、组织、指挥、协调、控制。通过一系列有计划、有组织的系统安全管理活动，控制系统中人的因素、物的因素和环境因素，以有效地控制危险源。

### 2.1.5 系统危险性评价

系统危险性评价是对系统中危险源危险性的综合评价。危险源的危险性评价包括对危险源自身危险性的评价和对危险源控制措施效果的评价两方面的问题。

系统中危险源的存在是绝对的，任何工业生产系统中都存在着若干危险源。受实际的人力、物力等方面因素的限制，不可能完全消除或控制所有的危险源，只能集中有限的人力、物力资源消除、控制危险性较大的危险源。在危险性评价的基础上，按其危险性的大小把危险源分类排队，可以为确定采取控制措施的优先次序提供依据。

采取了危险源控制措施后进行的危险性评价，可以表明危险源控制措施的效果是否达到了预定的要求。如果采取控制措施后危险性仍然很高，则需要进一步研究对策，采取更有效的措施使危险性降低到预定的标准。当危险源的危险性很小时可以被忽略，则不必采取控制措施。

### 2.1.6 危险源辨识、评价与控制的实施

按一般意义上的理解，应该在危险源辨识的基础上进行危险源评价，根据危险源危险性评价的结果采取危险源控制措施。实际工作中，这 3 项工作并非严格地按这样的程序分阶段独立进行，而是相互交叉、相互重叠进行的（见图 2-1）。

如前所述，系统中存在着大量的不安全因素，按危险源定义都可被看作是危险源。实际上受人力、物力等因素的制约，只能把其中一部分危险性达到一定程度的不安全因素当

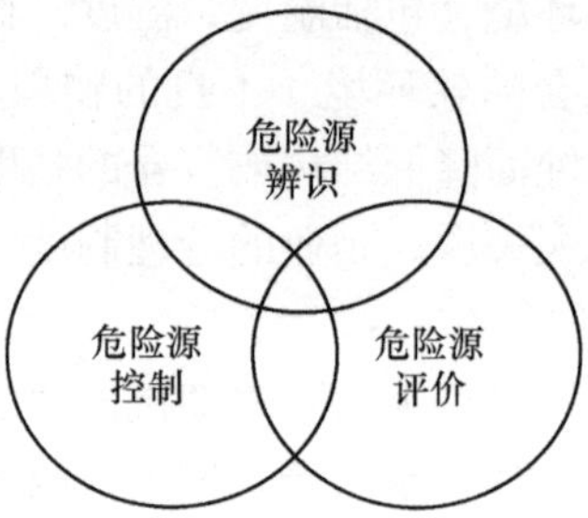


图 2-1 危险源辨识、控制和评价

作危险源来处理，忽略危险性较小的不安全因素。因此，在辨识危险源的过程中也需要进行危险性评价，以判别被考察的对象是否是危险源（不可忽略的、必须控制的）。在选择控制措施控制危险源时，需要对控制措施的控制效果进行评价，通过评价选择最有效的控制措施。这种评价通常是通过对比控制前和控制后危险源的危险性进行的。在采取危险源控制措施时，虽然可以控制原有的危险源，但是危险源控制措施本身却又可能带来新的危险源和危险性。因此，在进行危险源控制时，仍然需要进行危险源辨识和评价工作。

## 2.2 危险源辨识的方法

### 2.2.1 危险有害因素辨识的原则

#### 2.2.1.1 科学性原则

危险有害因素的辨识是分辨、识别、分析确定系统内存在的危险，而并非研究防止事故发生或控制事故发生的实际措施。它是预测安全状态和事故发生途径的一种手段，这就要求危险有害因素的辨识必须要有科学的安全理论指导，使之能真正揭示系统安全状况，危险有害因素存在的部位、存在的方式、事故发生的途径及其变化的规律，并予以准确描述，以定性、定量的概念清楚地显示出来，用严密的合乎逻辑的理论予以解释清楚。

#### 2.2.1.2 系统性原则

危险有害因素存在于生产活动的各个方面，因此要对系统进行全面、详细的剖析，研究系统和系统及子系统之间的相关和约束关系，分清主要危险有害因素及其相关的危险、有害性。

#### 2.2.1.3 全面性原则

辨识危险有害因素时不要发生遗漏，要从厂址、自然条件、总平面布置、建（构）筑物、工艺过程、生产设备装置、特种设备、公用工程、安全管理系统、设施等各方面进行分析、辨识，以免留下隐患。不仅要分析正常生产运转、操作中存在的危险有害因素，还要分析辨识开车、停车、检修、装置受到破坏及操作失误等情况下的危险有害后果。

#### 2.2.1.4 预测性原则

对于危险有害因素，还要分析其促发事件，即危险有害因素出现的条件或设想的事故模式和可能出现的各种意外情况。

### 2.2.2 危险有害因素辨识的方法

危险有害因素辨识的方法很多，每种方法都有其目的性和适用范围。在辨识过程中，应结合具体情况采用两种或两种以上的方法。在生产实践过程中，通常从以下几个方面进行危险有害因素的辨识工作。

（1）经验法。经验法是危险有害因素辨识中常用的方法，其优点是简便易行，其缺点是受辨识人员知识、经验和占有资料的限制，可能出现遗漏。以前，人们主要根据以往的事故经验进行危险源辨识工作。例如，美国的海因里希建议通过与操作者交谈或到现场检查，查阅以往的事故记录等方式发现危险源。由于危险源是“潜在的”不安全因素，比较隐蔽，所以危险源辨识是一件非常困难的事情。在系统比较复杂的场合，危险源辨识工作更加困难，需要利用专门的方法，还需要许多知识和经验。

（2）系统安全分析方法。系统安全分析法是针对系统中某个特性或生命周期中某阶段具体特点而形成针对性较强的辨识方法，不同的系统、不同的行业、不同的工程甚至同一工程的不同阶段所应用的方法各不相同。目前系统安全分析法包括几十种之多，常用的系统安全分析方法包括：安全检查表、预先危险性分析、故障类型和影响分析、危险和可操作性研究、事件树分析和事故树分析等。

（3）材料性质分析法。了解生产或使用的材料性质是危险源辨识的基础。初始的危险源辨识可以通过简单比较材料性质来进行。比如火灾，只要辨识出易燃和可燃材料，将它们分类为各种火灾危险源，然后进行详细的危险评价工作。

（4）生产工艺和条件分析法。生产工艺和条件也会产生危险或使生产过程中材料的危险性加剧。例如，水仅就其性质来说没有爆炸危险，然而，如果生产工艺的温度和压力超过了水的沸点，那么水就具有蒸气爆炸的危险。因此，在危险源辨识时，仅考虑材料性质是不够的，还必须同时考虑生产工艺和条件。

（5）相互作用矩阵分析法。相互作用矩阵是一种结构性的危险源辨识方法，是辨识各种因素（包括材料、生产条件、能量源等）之间相互影响或反应的简便工具。实际使用时，这种方法通常限制为两种因素，分析时也可加入第三种因素。如果多种因素相互作用很重要，且有能力详细分析，则可建立二维矩阵来分析。

除此之外，从建立职业健康安全管理体系的角度出发，危险源辨识方法除了系统安全分析方法，也采用一些现场做法。比如：

（1）询问交谈，通过询问对于某项工作具有丰富经验的人员或与其开展深入交谈，可初步分析出该工作中所存在的第一、二类危险源；

（2）现场观察，由熟悉安全技术知识和职业健康安全法规标准的人员对作业环境进行现场观察，可发现作业现场存在的危险源；

（3）查阅有关事故、职业病的记录，从中发现存在的危险源；

（4）获取外部信息，从有关类似组织、文献资料、专家咨询等方面获取有关危险源的信息，加以分析研究，可辨识出存在的危险源；

（5）作业危害分析（JHA），通过分析组织成员工作任务中所涉及的危害来识别出有关的危险源。

### 2.2.3 危险有害因素的分类

危险有害因素的分类方法：根据生产过程和伤亡事故的国家标准的不同，有3种分类方法，下面对其进行介绍。

#### 2.2.3.1 依据导致事故和职业危害的直接原因进行分类

根据《生产过程危险和危害因素分类与代码》（GB/T 13861—2022）的规定，将生产过程中的危险、危害因素分为4类。

A 人的因素

人的因素包括：

（1）心理、生理性危险和有害因素。包括：负荷超限，健康状况异常，从事禁忌作业，心理异常，辨识功能缺陷，其他心理、生理性危险和有害因素。

（2）行为性危险和有害因素。包括：指挥错误，操作错误，监护失误，其他行为性危险和有害因素。

B 物的因素

物的因素包括：

（1）物理性危险和有害因素。包括：设备、设施、工具、附件缺陷，防护缺陷，电危害，噪声，振动危害，电离辐射，非电离辐射，运动物伤害，明火，高温物质，低温物质，信号缺陷，标志标识缺陷，有害光照，信息系统缺陷，其他物理性危险和有害因素。

（2）化学性危险和有害因素。包括：理化危险，健康危险，其他化学性危险和有害因素。

（3）生物性危险和有害因素。包括：致病微生物，传染病媒介物，致害动物，致害植物，其他生物性危险和有害因素。

C 环境因素

环境因素包括：

（1）室内作业场所环境不良。包括：室内地面滑，室内作业场所狭窄，室内作业场所杂乱，室内地面不平，室内梯架缺陷，地面、墙和天花板上的开口缺陷，房屋基础下沉，室内安全通道缺陷，房屋安全出口缺陷，采光照明不良，作业场所空气不良，室内温度、湿度、气压不适，室内给、排水不良，室内涌水，其他室内作业场所环境不良。

（2）室外作业场地环境不良。包括：恶劣气候与环境，作业场地和交通设施湿滑，作业场地狭窄，作业场地杂乱，作业场地不平，交通环境不良，脚手架、阶梯和活动架缺陷，地面及地面开口缺陷，建（构）筑物和其他结构缺陷，门和周界设施缺陷，作业场地地基下沉，作业场地安全通道缺陷，作业场地安全出口缺陷，作业场地光照不良，作业场地空气不良，作业场地温度、湿度、气压不适，作业场地涌水，排水系统故障，其他室外作业场地环境不良。

（3）地下（含水下）作业环境不良。包括：隧道/矿井顶板或巷帮缺陷，隧道/矿井作业面缺陷，隧道/矿井底板缺陷，地下作业面空气不良，地下火，冲击地压（岩爆），地下水，水下作业供氧不当，其他地下作业环境不良。

(4) 其他作业环境不良。包括：强迫体位，综合性作业不良，以上未包括的其他作业环境不良。

D 管理因素

管理因素有以下几方面：

(1) 职业安全卫生管理机构设置和人员配备不健全；

(2) 职业安全卫生责任制不完善或未落实；

(3) 职业安全卫生管理制度不完善或未落实；

(4) 职业安全卫生投入不足；

(5) 应急管理缺陷；

(6) 其他管理因素缺陷。

#### 2.2.3.2 参照《企业职工伤亡事故分类》进行分类

参照《企业职工伤亡事故分类》(GB 6441—1986)，综合考虑起因物、引起事故的诱导性原因、致害物、伤害方式等，将危险因素分为20类。此种分类方法所列的危险、危害因素与企业职工伤亡事故处理（调查、分析、统计）、职业病处理和职工安全教育的口径基本一致，为应急管理部门、行业主管部门安全监管人员和企业广大职工、安全管理人员所熟悉，易于接受和理解，便于实际应用。

(1) 物体打击，是指物体在重力或其他外力的作用下产生运动，打击人体造成人身伤亡事故，不包括因机械设备、车辆、起重机械、坍塌等引发的物体打击。

(2) 车辆伤害，是指企业机动车辆在行驶中引起的人体坠落和物体倒塌、下落、挤压伤亡事故，不包括起重设备提升、牵引车辆和车辆停驶时发生的事故。

(3) 机械伤害，是指机械设备运动（静止）部件、工具、加工件直接与人体接触引起的夹击、碰撞、剪切、卷入、绞、碾、割、刺等伤害，不包括车辆、起重机械引起的机械伤害。

(4) 起重伤害，是指各种起重作业（包括起重机安装、检修、试验）中发生的挤压、坠落（吊具、吊重）、物体打击和触电。

(5) 触电，包括雷击伤亡事故。

(6) 淹溺，包括高处坠落淹溺，不包括矿山、井下透水淹溺。

(7) 灼烫，是指火焰烧伤、高温物体烫伤、化学灼伤（酸、碱、盐、有机物引起的体内外灼伤）、物理灼伤（光、放射性物质引起的体内外灼伤），不包括电灼伤和火灾引起的烧伤。

(8) 火灾，是指造成人员伤亡的企业火灾事故。

(9) 高处坠落，是指在高处作业中发生坠落造成的伤亡事故，不包括触电坠落事故。

(10) 坍塌，是指物体在外力或重力作用下，超过自身的强度极限或因结构稳定性破坏而造成的事故，如挖沟时的土石塌方、脚手架坍塌、堆置物倒塌等，不适用于矿山冒顶片帮和车辆、起重机械、爆破引起的坍塌。

(11) 冒顶片帮，是指矿山开采、掘进及其他坑道作业发生的顶板冒落、侧壁垮塌发生的伤亡事故。

(12) 透水，矿山开采及其他坑道作业时因涌水造成的伤害。

(13) 爆破伤害，是指爆破作业中发生的伤亡事故，包括因爆破引起的中毒。

（14）火药爆炸，是指火药、炸药及其制品在生产、加工、运输、储存中发生的爆炸事故。

（15）瓦斯爆炸，包括瓦斯、煤尘与空气混合物形成的混合物爆炸。

（16）锅炉爆炸，是指工作压力在0.07MPa以上，以水为介质的蒸汽锅炉的爆炸。

（17）容器爆炸，包括物理性爆炸和化学性爆炸。

（18）其他爆炸，是指可燃气体、蒸气、粉尘与空气混合物形成的爆炸性混合物的爆炸，如炉膛、钢水包、亚麻粉尘的爆炸等。

（19）中毒和窒息，是指职业性毒物进入人体引起的急性中毒、缺氧窒息、中毒性窒息伤害。

（20）其他伤害，是指上述范围以外的伤害事故。

2.2.3.3　参照《职业病分类和目录》进行分类

依据《职业病分类和目录》，职业病分为10大类132种。

（1）职业性尘肺病及其他呼吸系统疾病。

1）尘肺病。主要包括：硅肺，煤工尘肺，石墨尘肺，炭黑尘肺，石棉肺，滑石尘肺，水泥尘肺，云母尘肺，陶工尘肺，铝尘肺，电焊工尘肺，铸工尘肺，根据《尘肺病诊断标准》和《尘肺病理诊断标准》可以诊断的其他尘肺病。

2）其他呼吸系统。主要包括：过敏性肺炎，棉尘病，哮喘，金属及其化合物粉尘肺沉着病（锡、铁、锑、钡及其化合物等），刺激性化学物所致慢性阻塞性肺疾病，硬金属肺病。

（2）职业性皮肤病。主要包括：接触性皮炎，光接触性皮炎，电光性皮炎，黑变病，痤疮，溃疡，化学性皮肤灼伤，白斑，根据《职业性皮肤病诊断总则》可以诊断的其他职业性皮肤病。

（3）职业性眼病。主要包括：化学性眼部灼伤，电光性眼炎，白内障（含放射性白内障、三硝基甲苯白内障）。

（4）职业性耳鼻喉口腔疾病。主要包括：噪声聋，铬鼻病，牙酸蚀病，爆震聋。

（5）职业性化学中毒。主要包括：铅及其化合物中毒（不包括四乙基铅），汞及其化合物中毒，锰及其化合物中毒，镉及其化合物中毒，铍病，铊及其化合物中毒，钡及其化合物中毒，钒及其化合物中毒，磷及其化合物中毒，砷及其化合物中毒，铀及其化合物中毒，砷化氢中毒，氯气中毒，二氧化硫中毒，光气中毒，氨中毒，偏二甲基肼中毒，氮氧化合物中毒，一氧化碳中毒，二硫化碳中毒，硫化氢中毒，磷化氢，磷化锌，磷化铝中毒，氟及其无机化合物中毒，氰及腈类化合物中毒，四乙基铅中毒，有机锡中毒，羰基镍中毒，苯中毒，甲苯中毒，二甲苯中毒，正己烷中毒，汽油中毒，一甲胺中毒，有机氟聚合物单体及其热裂解物中毒，二氯乙烷中毒，四氯化碳中毒，氯乙烯中毒，三氯乙烯中毒，氯丙烯中毒，氯丁二烯中毒，苯的氨基及硝基化合物（不包括三硝基甲苯）中毒，三硝基甲苯中毒，甲醇中毒，酚中毒，五氯酚（钠）中毒，甲醛中毒，硫酸二甲酯中毒，丙烯酰胺中毒，二甲基甲酰胺中毒，有机磷中毒，氨基甲酸酯类中毒，溴甲烷中毒，拟除虫菊酯类中毒，铟及其化合物中毒，溴丙烷中毒，碘甲烷中毒，氯乙酸中毒，环氧乙烷中毒，上述条目未提及的与职业有害因素接触之间存在直接因果联系的其他化学中毒。

（6）物理因素所致职业病。主要包括：中暑，减压病，高原病，航空病，手臂振动病，激光所致眼（角膜、晶状体、视网膜）灼伤及冻伤。

（7）职业性放射性疾病。主要包括：外照射急性放射病，外照射亚急性放射病，外照射慢性放射病，内照射放射病，放射性皮肤疾病，放射性肿瘤（含矿工高氡暴露所致肺癌），放射性骨损伤，放射性甲状腺疾病，放射性性腺疾病，放射复合伤，根据《职业性放射性疾病诊断标准（总则）》可以诊断的其他放射性损伤。

（8）职业性传染病。主要包括：炭疽，森林脑炎，布鲁氏菌病，艾滋病（限于医疗卫生人员及人民警察），莱姆病。

（9）职业性肿瘤。主要包括：石棉所致肺癌、间皮瘤，联苯胺所致膀胱癌，苯所致白血病，氯甲醚、双氯甲醚所致肺癌，砷及其化合物所致肺癌、皮肤癌，氯乙烯所致肝血管肉瘤，焦炉逸散物所致肺癌，六价铬化合物所致肺癌，毛沸石所致肺癌，胸膜间皮瘤，煤焦油、煤焦油沥青、石油沥青所致皮肤癌，β-萘胺所致膀胱癌。

（10）其他职业病。例如金属烟热，滑囊炎（限于井下工人），股静脉血栓综合征，股动脉闭塞症或淋巴管闭塞症（限于刮研作业人员）。

## 2.3 重大危险源

20 世纪 70 年代以来，在工业生产特别是化学品生产、储存、使用、运输过程中，重大火灾、爆炸、泄漏等重大事故频频发生。1974 年 6 月，英国弗利克斯巴勒（Flixborough）爆炸事故发生后，为改变事故频发和有效预防重大事故的发生，英国卫生与安全委员会设立了重大危险咨询委员会（简称 ACMH），该委员会负责研究重大危险源的辨识评价技术和控制措施，开始系统地研究重大危险源的控制技术。1976 年，ACMH 首次提出了重大危险源标准，提出了危险物质及其相关事故物质量的标准，1979 年和 1984 年又对该标准进行了修改，在辨识标准中提出了 4 类共 25 种物质（设施）及其临界量。1982 年，欧共体颁布了《工业活动中重大事故危险法令》（82/501/EEC），简称《塞韦索法令》。该法令列出了 180 种物质及其临界量。经过几年的运行，1996 年，欧共体对《塞韦索法令》进行了修订，提出的《塞韦索法令》修正件中新增了 39 种物质和临界量。

与此同时，美国、澳大利亚等国也颁布了重大危险源控制的国家标准。1993 年 6 月，第 80 届国际劳工大会通过了《预防重大工业事故公约》，该公约中也明确了重大危险源的概念。亚太地区的印度、印尼、泰国、马来西亚和巴基斯坦等国逐步建立了国家重大危险源控制系统。

我国重大危险源控制的研究工作开始于 20 世纪 90 年代，并且列入了国家“八五”发展规划，1997 年，根据原劳动部劳部发〔1997〕22 号文“关于在北京等六城市进行重大危险源普查监控系统试点工作的通知”和《重大危险源普查监控系统试点项目实施方案》，在北京、上海、天津、青岛、深圳、成都六个城市开展了重大危险源普查试点工作。普查工作的范围为储罐区（储罐）、库区（库）、生产场所、企业危险建（构）筑物、压力管道、锅炉、压力容器等 7 大类。1998 年 6 月，六个试点城市均按要求完成了重大危险源普查、登记和评价分级工作，共计普查出重大危险源 10230 个。2000 年，颁布了《重大危险源辨识》（GB 18218—2000）的国家标准，为我国重大危险源的辨识提供了基础的法律依据。2009 年，中国安全生产科学研究院在 GB 18218—2000 的基础上，结合国家安全科学和安全管理水平的发展，对构成重大危险源危险物质的临界量进行了修订，颁布了《危险化学品重大危险源辨识》（GB 18218—2009）的国家标准。在我国第一次提出了危险化学品重大危险源的概念。2011 年 8 月，国家安全生产监督管理总局令第 40 号规定了危险化学品重大危险源的分级方法，为国家对危险化学品重大危险源进行有效分级监管奠定了基础和提供了依据。2018 年国家市场监督管理总局和中国国家标准化管理委员会发布了《危险化学品重大危险源辨识》（GB 18218—2018）代替了《危险化学品重大危险源辨识》（GB 18218—2009）。

### 2.3.1 与重大危险源相关的几个基本概念

与重大危险源相关的几个基本概念如下。

（1）单元（unit），指涉及危险化学品的生产、储存装置、设施或场所，分为生产单元和储存单元。

（2）临界量（threshold quantity），指某种或某类危险化学品构成重大危险源所规定的最小数量。

（3）危险化学品重大危险源（major hazard installations for hazardous chemicals），指长期地或临时地生产、储存、使用和经营危险化学品，且危险化学品的数量等于或超过临界量的单元。

### 2.3.2 重大危险源的辨识指标

单元内存在危险化学品的数量等于或超过规定的临界量，即被定为重大危险源。单元内存在的危险化学品的数量根据危险化学品种类的多少分为以下两种情况。

（1）单元内存在的危险化学品为单一品种，则该危险化学品的数量即为单元内危险化学品的总量，若等于或超过相应的临界量，则定为重大危险源。

（2）单元内存在的危险化学品为多品种时，则按式（2-1）计算确定是否为重大危险源：

$$\frac{q_1}{Q_1}+\frac{q_2}{Q_2}+\cdots+\frac{q_n}{Q_n}\geqslant 1 \tag{2-1}$$

式中 $q_1$，$q_2$，…，$q_n$——每种危险化学品实际存在量，t；

$Q_1$，$Q_2$，…，$Q_n$——与各危险化学品相对应的临界量，t。

### 2.3.3 重大危险源分级

采用单元内各种危险化学品实际存在量与其相对应的临界量的比值，经校正系数校正后的比值之和 $R$ 作为分级指标。重大危险源的分级指标按式（2-2）计算。

$$R=\alpha\left(\beta_1\frac{q_1}{Q_1}+\beta_2\frac{q_2}{Q_2}+\cdots+\beta_n\frac{q_n}{Q_n}\right) \tag{2-2}$$

式中 $q_1$，$q_2$，…，$q_n$——每种危险化学品实际存在量，t；

$Q_1$，$Q_2$，…，$Q_n$——与各危险化学品相对应的临界量，t；

$\beta_1$，$\beta_2$，…，$\beta_3$——与各危险化学品相对应的校正系数；

$\alpha$——该危险化学品重大危险源厂区外暴露人员的校正系数。

（1）校正系数$\beta$的取值。

根据单元内危险化学品的类别不同，设定校正系数$\beta$值，具体见表2-1和表2-2。

**表2-1 校正系数$\beta$取值**

| 危险化学品类别 | 毒性气体 | 爆炸品 | 易燃气体 | 其他类危险化学品 |
|---|---|---|---|---|
| $\beta$ | 见表2-2 | 2 | 1.5 | 1 |

注：危险化学品类别依据《危险货物品名表》中分类标准确定。

**表2-2 常见毒性气体校正系数$\beta$值取值**

| 毒性气体名称 | 一氧化碳 | 二氧化硫 | 氨 | 环氧乙烷 | 氯化氢 | 溴甲烷 | 氯 |
|---|---|---|---|---|---|---|---|
| $\beta$ | 2 | 2 | 2 | 2 | 3 | 3 | 4 |
| 毒性气体名称 | 硫化氢 | 氟化氢 | 二氧化氮 | 氰化氢 | 碳酰氯 | 磷化氢 | 异氰酸甲酯 |
| $\beta$ | 5 | 5 | 10 | 10 | 20 | 20 | 20 |

注：未在表2-2中列出的有毒气体可按$\beta=2$取值，剧毒气体可按$\beta=4$取值。

（2）校正系数$\alpha$的取值。根据重大危险源的厂区边界向外扩展500m范围内常住人口数量，设定厂外暴露人员校正系数$\alpha$值，见表2-3。

**表2-3 校正系数$\alpha$取值表**

| 单元外可能接触人员数量 | $\alpha$ |
|---|---|
| 100人以上 | 2.0 |
| 50~99人 | 1.5 |
| 30~49人 | 1.2 |
| 1~29人 | 1.0 |
| 0人 | 0.5 |

（3）分级标准。依据计算出来的$R$值，按表2-4确定危险化学品重大危险源的级别。

**表2-4 危险化学品重大危险源级别和$R$值的对应关系**

| 危险化学品重大危险源级别 | $R$值 |
|---|---|
| 一级 | $R\geqslant100$ |
| 二级 | $100>R\geqslant50$ |
| 三级 | $50>R\geqslant10$ |
| 四级 | $R<10$ |

## 2.4 本章小结

在实践中，危险源的分类通常与危险有害（危害）因素辨识结合起来。一般有三种分类依据。第一种是根据《生产过程危险和危害因素分类与代码》（GB/T 13861—2022）的规定，将生产过程中的危险、危害因素分为四类。第二种是参照《企业职工伤亡事故分类》（GB 6441—1986），综合考虑起因物、引起事故的诱导性原因、致害物、伤害方式等，将危险因素分为20类。第三种是参照《职业病分类和目录》，将职业病分为10大类132种。危险化学品重大危险源分级方法根据《危险化学品重大危险源辨识》（GB 18218—2018）进行。

## 复习思考题

2-1 什么是危险源？什么是事故隐患？

2-2 危险源辨识的方法有哪些？

2-3 什么是重大危险源？

2-4 重大危险源的辨识指标。

# 3 系统安全分析

## 3.1 系统安全分析概述

系统安全分析是安全系统工程的核心内容。通过系统安全分析，可以查明系统中的危险源，分析可能出现的危险状态，估计事故发生的概率、可能产生的伤害及产生后果的严重程度，为通过修改系统设计或改变控制系统运行程序来进行系统安全风险控制提供依据。

### 3.1.1 系统安全分析的主要内容

系统安全分析主要包括以下几方面内容：

(1) 对系统中存在的各种危险源及其相互关系进行调查和分析；

(2) 对与系统有关的环境条件、设备、人员及其他有关因素进行调查和分析；

(3) 对于能够利用适当的设备、规程、工艺材料，控制或根除某种特殊危险源的措施进行分析；

(4) 调查和分析危险源的控制措施及实施这些措施的最好方法；

(5) 调查和分析不能根除的危险源失去或减少控制可能出现的后果；

(6) 调查和分析一旦危险源失去控制，为防止伤害和损失应当采取的安全防护措施。

### 3.1.2 常用的系统安全分析方法

随着系统工程学科的发展，出现了很多系统安全分析方法，这些方法都有各自的特点，可以互为补充。在实践中得到广泛应用的系统安全分析方法主要有：安全检查表、预先危险性分析、故障类型、影响和危险度分析、危险和可操作性研究、鱼刺图法、事件树分析、事故树分析、系统可靠性分析、原因-后果分析等。

### 3.1.3 系统安全分析方法的选择

首先，要考虑系统所处的寿命阶段。例如，在系统的开发、设计初期，可以应用预先危险性分析方法，对系统中可能出现的安全问题做概括分析；在系统运行阶段，可以应用危险和可操作性研究、故障类型和影响分析等方法进行详细分析，也可应用事件树分析、事故树分析、可靠性分析、原因-后果分析等方法对系统的安全性做细致的定量分析。表3-1为系统寿命周期内各阶段可供参考的系统安全分析方法。

表 3-1　系统安全分析方法适用情况

| 分析方法 | 开发研制 | 方案设计 | 样机 | 详细设计 | 建造投产 | 日常运行 | 改建扩建 | 事故调查 | 拆除 |
| --- | --- | --- | --- | --- | --- | --- | --- | --- | --- |
| 安全检查表 | | √ | √ | √ | √ | √ | √ | | √ |
| 预先危险性分析 | √ | √ | √ | √ | | | √ | | |
| 危险与可操作性研究 | | | √ | √ | | √ | √ | √ | |
| 故障类型、影响和危险度分析 | | | √ | √ | | √ | √ | √ | |
| 鱼刺图法 | | | √ | √ | | √ | √ | √ | |
| 事件树分析 | | | √ | √ | | √ | √ | √ | |
| 事故树分析 | | | √ | √ | | √ | √ | √ | |
| 系统可靠性分析 | | | √ | √ | | √ | √ | | |
| 原因-后果分析 | | | √ | √ | | √ | √ | √ | |

注：适用，则打“√”。

其次，应根据实际情况考虑分析的目的、资料的影响、系统的特点及其危险性。

3.1.3.1　分析的目的

系统安全分析方法的选择应该能够满足分析的要求，即系统安全分析的目的之一是辨识危险源，为此应当做到：

（1）查明系统中所有的危险源并列出清单；

（2）掌握危险源可能导致的事故，列出潜在事故隐患清单；

（3）列出降低危险性的措施和需要深入研究部位的清单；

（4）将所有危险源依据危险大小排序；

（5）为定量的危险性评价提供数据。

在进行系统安全分析时，某些方法只能用于查明危险源，而大多数方法都可以用于列出潜在的事故隐患或确定降低危险性的措施，但能提供定量数据的方法并不多，应当根据需要确定分析方法。

3.1.3.2　资料的影响

资料收集的多少、详细程度、内容的新旧等，都会对选择系统安全分析方法有着至关重要的影响。一般来说，资料的获取与被分析的系统所处的阶段有直接关系。例如，在方案设计阶段，采用危险和可操作性研究或故障类型和影响分析的方法就难以获取详细的资料。随着系统的发展，可获得的资料越来越多、越来越详细，这时就可考虑采用故障类型和影响分析的方法。

3.1.3.3　系统的特点

针对被分析系统的复杂程度和规模、工艺类型、工艺过程中的操作类型等因素来选择系统安全分析方法。

对于复杂的和规模较大的系统，由于需要的工作量和时间较多，应先用较简捷的方法分析，然后根据危险性的大小，再采用适当的方法进行详细分析。

对于某些特定的工艺过程或系统可选用那些与之相适应并被实践证明确实有效的方法。例如，对于化工工艺过程可采用危险和可操作性研究；对于机械、电气系统可采用故障类型和影响分析。对于不同类型的操作过程，若事故的发生是由单一故障（或失误）引起的，则可以选择危险与可操作性研究；若事故的发生是由许多危险源共同引起的，则可以选择事件树分析、事故树分析等方法。

3.1.3.4 系统的危险性

当系统的危险性较高时，通常采用预测性的方法，如危险与可操作性研究、故障类型和影响分析、事件树分析、事故树分析等方法。当危险性较低时，一般采用经验的、不太详细的分析方法，如安全检查表等。对危险性的认识，与系统无故障运行时间、严重事故发生次数以及系统变化情况等有关。

此外，在选择系统分析方法时还要考虑分析者所掌握的知识和经验、完成期限、经费状况等。

## 3.2 安全检查表

安全检查表（safety check list，SCL）是进行安全检查，发现潜在危险，督促各项安全法规、制度、标准实施的一个较为有效的工具。它是安全系统工程最基本、最初步的一种形式。安全检查表是依据有关安全规范、标准、制度及其他系统分析方法分析的结果，系统地对一个生产系统或设备进行科学的分析，找出其中的不安全因素，并以提问的方式把找出的不安全因素制定为检查项目，为便于检查和避免遗漏，将检查项目按系统或子系统编制成表格，即安全检查表。

### 3.2.1 安全检查表的编制依据及方法

3.2.1.1 编制依据

编制安全检查表的依据主要有以下几个方面。

（1）有关法律、法规、标准、规程、规范及规定。为了保障安全生产，国家及有关部门发布了各类安全标准及有关的文件，这些是编制安全检查表的一个主要依据。

（2）本单位的经验。由本单位工程技术人员、生产管理人员、操作人员和安全技术人员在总结本单位生产操作和安全管理资料的实践经验、分析导致事故的各种潜在危险源和外界环境条件的基础上，编制出结合本单位实际情况的安全检查表，切忌生搬硬套。

（3）国内外事故案例。认真收集以往发生的事故教训以及在生产、研制和使用中出现的问题，包括国内外同行业、同类事故的案例和资料。

（4）系统安全分析的结果。根据其他系统安全分析方法（如事故树分析、事件树分析、故障类型及影响分析、预先危险性分析等）分析的结果，将导致事故的各个基本事件作为防止灾害的控制点列入检查表。

3.2.1.2 编制方法

安全检查表的核心是安全检查表的编制和实施。安全检查表看似简单，但要使其在使用中能切合实际，真正起到全面系统地辨识危险性的作用，则需要有一个高质量的安全检查表。要编制这样的检查表，需要做好以下几项工作。

（1）组织编写组。其成员应该是熟悉系统安全分析的本行业专家（包括生产技术人员）、管理人员以及生产第一线有经验的工人。

（2）对系统进行全面细致的了解。其包括系统的结构、功能、工艺条件等基本情况和有关安全的详细情况。

（3）收集与系统有关的国家法规、制度、标准及得到公认的安全要求、国内外的事故情报、本单位的经验等，作为安全检查表的编制依据。

（4）剖切系统并分析其可能的危险性。根据检查对象与目的，把系统剖切分成子系统、部件或元件。对各“剖切块”进行分析，找出被分析系统（部件或元件）存在的危险源，评定其危险程度和可能造成的后果。

（5）制定检查表。确定检查项目，根据检查目的和要求设计或选择检查表的格式，按系统或子系统编制安全检查表。

（6）检查表编制后，要经过多次实践的检验，经不断修改完善，才能成为标准的安全检查表。

### 3.2.2 安全检查表的格式

安全检查表是为安全检查而设计的一种便于工作的表格，表格的格式没有统一的规定，可以根据不同的要求，设计不同需要的安全检查表，但原则上要求安全检查表应条目清晰、内容全面、要求详细具体。

表3-2是比较规范的安全检查表的形式，在进行安全检查时，利用安全检查表能够做到目标明确、要求具体、查之有据，记录发现的问题，并提出解决的方案，同时落实到责任人，以便及时整改。

**表3-2 安全检查表的基本格式**

| 检查时间 | 检查单位 | 检查部位 | 检查结果 | 安全要求 | 整改期限 | 整改负责人 |
|---|---|---|---|---|---|---|
| | | | | | | |
| 序号 | 安全检查内容 | | | | 结论与说明 | |
| | | | | | | |

在实际的生产过程中，还可以根据不同的检查目的和对象对安全检查表的格式进行调整和简化。

表3-3中安全检查表的检查项目和内容可以采用提问的方式，并以“是”或“否”来回答，“是”表示符合要求，“否”表示还存在问题，有待于进一步改进，通常用“√”表示“是”，通常用“×”表示“否”。备注中可以填写现场发现的实际问题和需要进一步改进的措施，每个检查表均需要注明检查单位、检查时间、检查人等，以便分清责任，落实整改措施。

表 3-3 提问式安全检查表

| 序号 | 检查项目和内容 | 检查结果 | | 依据 | 备注 |
|---|---|---|---|---|---|
| | | 是 | 否 | | |
| | | | | | |

被检查单位：__________检查日期：__________检查人签字：__________被检查单位负责人签字：__________

还可以采用对照式的安全检查表（见表 3-4）。对照式检查表的检查项目内容后面附上合格标准，检查时对比合格标准作答。

表 3-4 安全检查表（对照式）

| 序号 | 检查项目 | 国家技术标准规定 | 检查结果 | 备注 |
|---|---|---|---|---|
| 1 | | | | |
| 2 | | | | |
| ⋮ | ⋮ | ⋮ | ⋮ | ⋮ |
| 检查结论 | | | | |

被检查单位：__________检查日期：__________检查人签字：__________被检查单位负责人签字：__________

此外，在以上安全检查表的基础上，可以变换成打分模式的安全检查表和定量化的安全检查表。

表 3-5 中，选取可判分数为 0-1-2-3 时条款属于低危险程度，对条款的要求为“允许稍有选择，在条件许可的条件下首先应该这样做”；选取可判分数为 0-1-3-5 时条款属于中等危险程度，对条款的要求为“严格，在正常的情况下均应这样”；选取可判分数为 0-1-5-7 时条款属于高危险程度，对于条款的要求为“很严格，非这样做不可”。

表 3-5 安全检查表（打分模式）

| 序号 | 检查项目和内容 | 检查结果 | | 依据 | 备注 |
|---|---|---|---|---|---|
| | | 判分依据 | 判给分数 | | |
| | 检查条款 | 0-1-2-3（低度危险）<br>0-1-3-5（中度危险）<br>0-1-5-7（高度危险） | | | |
| | | 总的满分 | 总的判分 | | |
| | 百分比＝总的分数÷总的可能的分数＝判分/满分 | | | | |

被检查单位：__________检查日期：__________检查人签字：__________被检查单位负责人签字：__________

定量化的安全检查表（见表 3-6）包括各分系统或子系统的权重系数及各检查项目的得分情况，按照一定的计算方法，首先计算出各子系统或分系统的评价分数值，再计算出各评价系统的评价得分，最后确定系统（装置）的安全评价等级。

表 3-6　定量化的安全检查表

| 序号 | 检查项目（权重） | 检查内容（权重） | 检查得分 | 检查内容评价分数 |
| --- | --- | --- | --- | --- |
| 1 | | | | |
| 2 | | | | |
| ⋮ | ⋮ | ⋮ | ⋮ | ⋮ |
| $n$ | | | | |

被检查单位：__________ 检查日期：__________ 检查人签字：__________ 被检查单位负责人签字：__________

定量化的安全检查表评分方法常采用安全检查表赋值法、按检查内容和要求逐项赋值，每张检查表以 100 分计。不同检查项目和检查内容按重要程度给予权重系数，同一层次各系统权重系数之和等于 1。

评价时从安全检查内容开始。按实际得分逐层向前推算，根据检查内容的分数值和权重系数计算检查项目分数值，最后得到系统的评价得分。系统满分应为 100 分。

其中安全评价结果常用下面的计算方法进行计算。

检查项目分数值计算：

$$M_i = \sum_{j=1}^{m} K_{ij} M_{ij} \tag{3-1}$$

式中　$M_i$——检查项目的分数值；

$K_{ij}$——检查内容的权重系数；

$M_{ij}$——检查内容的分数值；

$m$——检查项目内检查内容的条目数。

最终评价结果的计算：

$$M = \sum_{i=1}^{n} K_i M_i \tag{3-2}$$

式中　$M$——定量化的检查结果；

$K_i$——检查项目的权重；

$n$——检查项目的数量。

根据评价系统最终的评价分数值，按表 3-7 确定系统（装置）的安全等级。

表 3-7　系统（装置）安全评价等级划分

| 安全等级 | 优秀 | 良好 | 及格 | 不及格 |
| --- | --- | --- | --- | --- |
| 系统安全评价分值范围 | $M \geqslant 95$ | $80 \leqslant M < 95$ | $50 \leqslant M < 80$ | $M < 50$ |

### 3.2.3　安全检查表的特点

安全检查表是安全生产过程中最常用的系统安全分析方法，对有计划的解决安全问题是很有效的，在实际的应用过程中安全检查表具有以下特点：

（1）安全检查表是在预先对检查对象进行详细调查和全面分析的基础上编制出来的，可以做到系统化、完整化，不至于遗漏导致危险的关键因素，从而提高安全检查工作的效果和质量。

（2）安全检查表是根据有关法规、安全规程和标准制定的。因此，检查目的明确、内容具体，易于实现安全要求。

（3）对所拟定的检查项目进行逐项检查的过程，也是对系统危险源辨识、评价的过程。既能准确地查出隐患，又能得出确切的结论，从而保证了有关法规的全面落实。

（4）检查表是与有关责任人紧密联系的，所以易于推行安全生产责任制。检查后能够做到事故清、责任明、整改措施落实快。

（5）安全检查表是通过问答的形式进行检查的过程，所以使用起来简单易行，易于安全管理人员和广大职工掌握和接受，可经常自我检查。

安全检查表不仅可以用于系统安全设计的审查，也可以用于生产工艺过程中的危险源辨识、评价和控制，以及用于行业标准化作业和安全教育等方面，是一项进行科学化管理简单易行的基本方法，但是安全检查表的质量受编制人员的知识水平和经验影响，且需要在多次的实践过程中不断的修改完善，才能成为一个高质量的安全检查表。

### 3.2.4 安全检查表应用举例

**例 3-1** 编制的灭火器的安全检查表见表 3-8。

**表 3-8 灭火器安全检查表**

| 编号 | 安全检查项目 | 是或否 | 备注 |
|---|---|---|---|
| 1 | 有足够数量的手持灭火器吗？ | | |
| 2 | 灭火器的放置地点能使任何人都容易马上看到吗？ | | |
| 3 | 通往灭火器的通道畅通无阻吗？ | | |
| 4 | 每个灭火器上都有有效的安全检查标志吗？ | | |
| 5 | 各灭火器对要扑灭的火灾适用吗？ | | |
| 6 | 操作人员都熟悉灭火器的操作吗？ | | |
| 7 | 规定的所有地点都配备灭火器了吗？ | | |
| 8 | 灭火药剂易冻的灭火器采取了防冻措施吗？ | | |
| 9 | 用过的或损坏的灭火器是否马上更新了？ | | |
| 10 | 每个人都知道灭火器所在地点吗？ | | |

被检查单位：__________ 检查日期：__________ 检查人签字：__________ 被检查单位负责人签字：__________

## 3.3 预先危险性分析

预先危险性分析（preliminary hazard analysis，PHA）是在某项工程活动运转之前（如设计、施工、生产之前）或技术改造之后（即制定操作规程和使用新工艺等情况之后），对系统存在的各种危险因素（类别、分布）、出现条件和一旦发生事故后可能造成的后果进行宏观、概略分析的方法。预先危险性分析常常对出现的危险进行危险性等级的划分，并提出相应的防范措施，以防止这些危险因素发展成为事故。进行预先危险性分析，期望可以通过对偶然事件、不可避免事件、不可知事件的剖析，将其变为必然事件、可避免事件、可知事件，并通过分析、评价，控制事故发生。

PHA应用于系统安全程序计划的初始阶段或形成设计概念时，其目的在于在系统开发的初期阶段，去辨识系统内原有的主要危险因素，确定事故的危险性等级。应用PHA分析方法，首先要把明显的或潜在的危险性调查清楚，然后研究控制这些危险性的可行性，从而制定出相应的控制措施。如果在系统开发的初期阶段应用了PHA，就可以避免在以后因对安全因素考虑不周而返工，造成人力、物力、财力和时间上的浪费，从而能确保系统安全性方面的经济效益。

### 3.3.1 预先危险性分析的程序

预先危险性分析的程序如下。

（1）确定系统。明确所分析系统的功能和分析范围。

（2）调查、收集资料。进行预先危险性分析之前，要收集有关资料和其他类似系统以及使用类似设备、工艺物质系统的资料，查阅同类系统的事故教训，查明新系统是否存在同样问题，收集有关标准、规范、规程等资料。

（3）了解开发和设计的系统。弄清系统（子系统）的功能、构造，为实现其功能所采用的工艺过程，选用的设备、物质、材料以及工作环境等。由于预先危险性分析一般是在系统开发的初期阶段进行的，因而可用资料往往有限。因此，在实际工作中可以借鉴类似系统的经验来弥补分析系统资料的不足。

（4）分析、识别危险性。确定危险类型、危险来源、初始伤害及其造成的危险性、对潜在的危险点要仔细判定。

（5）确定危险等级。在确认每项危险之后，都要按其效果进行分类。

（6）制定措施。根据危险等级、从软件（系统分析、人机工程、管理、规章制度等）、硬件（设备、工具、操作方法等）两方面制定相应的消除危险性的措施和防止伤害的办法。采取预防措施的原则首先是采取直接措施，即从危险源（或起因）着手。其次，则是间接措施，如隔离、个人防护等。

### 3.3.2 危险性等级划分与确定

在危险性查出之后，应对其划分等级，排列出危险因素的先后次序和重点，以便分别处理。由于危险因素发展成为事故的起因和条件不同，因此在预先危险性分析中仅能作为定性评价，其危险等级分布见表3-9。

**表3-9 危险等级分布**

| 级别 | 危险程度 | 可能导致的后果 |
|---|---|---|
| 1级 | 安全的 | 一般不会发生事故或后果轻微，可以忽略 |
| 2级 | 临界的 | 有导致事故的可能性，且处于临界状态，暂时不会造成人员伤亡和财产损失，且应该采取措施予以控制 |
| 3级 | 危险的 | 很可能导致事故发生、造成人员伤亡或财产损失，必须立即采取措施进行控制 |
| 4级 | 破坏性的 | 很可能导致事故发生、造成重大人员伤亡或巨大财产损失，必须立即采取措施加以消除 |

### 3.3.3 预先危险性分析的基本格式

预先危险性分析的记录结果一般采用表格的形式列出。表格的格式和内容可根据实际情况确定。表3-10为基本的预先危险性分析表（PHA）的表格格式。

**表3-10 PHA工作表通用格式**

系统：1　　子系统：2　　状态：3　　制表者：

编号：　　日期：　　制表单位：

| 潜在事故 | 危险因素 | 触发事件 | 发生事件 | 触发事件 | 事故后果 | 危险等级 | 防范措施 | 备注 |
|---|---|---|---|---|---|---|---|---|
| 4 | 5 | 6 | 7 | 8 | 9 | 10 | 11 | 12 |

注：1为所分析子系统归属的车间或工段的名称；2为所分析子系统名称；3为子系统处于何种状态或运行方式；4为子系统可能发生的潜在危害；5为产生潜在危害的原因；6为导致产生“危险因素5”的那些不希望发生的事件或错误；7为使“危险因素5”发展成为潜在危害的那些不希望发生的错误或事件；8为导致产生“发生事件7”的那些不希望发生的事件及错误；9为事故后果；10为危险等级；11为消除或控制危险可能采取的措施，其中包括对装置、人员、操作程序等几方面考虑；12为有关必要说明。

在实际的生产过程中，还可以根据不同的检查目的和对象对预先危险性分析表的格式进行调整和简化（见表3-11）。

**表3-11 PHA工作表**

单元：　　编制人员：　　日期：

| 危险 | 原因 | 后果 | 危险等级 | 改进措施/预防方法 |
|---|---|---|---|---|
| | | | | |

### 3.3.4 预先危险性分析的特点

预先危险性分析的特点有：

（1）分析工作做在行动之前，可及早采取措施排除、降低或控制危害，避免由于考虑不周造成损失；

（2）对系统开发、初步设计、制造、安装、检修等做的分析的结果，可以作为以后开展类似工作应遵循的注意事项和指导方针；

（3）预先危险性分析的结果可为制定标准、规范和技术文献提供必要的资料；

（4）预先危险性分析的结果可以为安全检查表的编制提供参考，并作为安全教育、安全培训等的材料。

预先危险性分析的特点在于系统开发的初期就可以识别、控制危险因素，用最小的代价消除或减少系统中的危险因素，从而为制定整个系统寿命期间的安全操作规程提供依据。

### 3.3.5　预先危险性分析应注意的问题

预先危险性分析应注意的问题有：

（1）由于在新开发的生产系统或新的操作方法中，对接触到的危险物质、工具和设备的危险性还没有足够的认识。因此为了使分析获得较好的效果，应采取设计人员、操作人员和安全技术人员三结合的形式进行；

（2）根据系统工程的观点，在查找危险性时，应将系统进行分解，按系统、子系统、一步一步地进行。这样做不仅可以避免过早地陷入细节问题而忽视重点问题的危险，而且可以防止漏项；

（3）为了使分析人员有条不紊地、合理地从错综复杂的结构关系中查出潜在的危险因素，可采取以下对策：

1）迭代，对一些潜在的危险，一时不能直接查出危险因素时，可先作一些假设，然后将得出的结果作为改进后的假设，再进一步查出危险因素，这样经过一步一步分析，向更准确的危险因素逼近。

2）抽象，在分析过程中，对某些危险因素常忽略其次要方面，首先将注意力集中于危险性大的主要问题上，这样可使分析工作较快地入门，保证在主要危险因素上取得结果。

（4）在可能条件下，最好事先准备一个检查表，指出查找危险性的范围。

### 3.3.6　预先危险性分析举例

**例 3-2**　以家用热水器为例进行 PHA。家用热水器（见图 3-1）用燃气加热、装有加热和燃气开关连锁系统，当水温超过规定温度时，连锁动作将燃气阀关小。如果连锁发生故障，则由泄压安全阀放出热水，防止发生事故。其 PHA 分析结果见表 3-12。

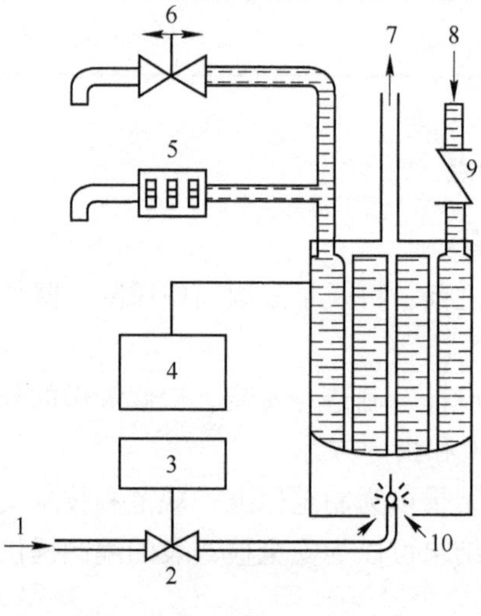


图 3-1　热水器装置示意图

1—燃气；2—燃气阀；3—调节装置；4—温度比较器；5—泄压安全阀；6—热水阀；7—废气；8—进水；9—止回阀；10—空气入口

**表 3-12 家用热水器预先危险性分析**

| 危险源 | 现象 | 事故情况 | 事故原因 | 可能性 | 结果 | 风险等级 | 措施 |
|---|---|---|---|---|---|---|---|
| 高压水 | 有气泡产生 | 热水器爆炸 | 燃气连续燃烧；安全阀不动作 | 很可能 | 伤亡损失 | Ⅲ | 安装爆破板，定期检查安全阀 |
| 高温水 | 有气泡产生 | 水过热 | 燃气连续燃烧；安全阀不动作 | 很可能 | 烫伤 | Ⅱ | 定期检查安全阀 |
| 燃气 | 燃气在室内聚集 | 燃气爆炸 | 火嘴熄灭；燃气阀开；火花 | 很可能 | 伤亡损失 | Ⅲ | 火源和燃气阀装连锁装置，定期检查室内通风，安装气体检测器 |
| 燃气 | 燃气在室内聚集 | 燃气中毒 | 火嘴熄灭；燃气阀开；人在室内 | 很可能 | 伤亡 | Ⅱ | 火源和燃气阀装连锁装置，定期检查室内通风，安装气体检测器 |
| 一氧化碳 | 一氧化碳在室内聚集 | 一氧化碳中毒 | 排气口关闭；人在室内 | 很可能 | 伤亡 | Ⅱ | 安装一氧化碳检测器、报警器，检查室内通风 |
| 火嘴附近的可燃物 | 火嘴附近着火 | 火灾 | 火嘴引燃可燃物 | 可能 | 伤亡损失 | Ⅲ | 火嘴附近应为耐火构造，定期检查清理 |
| 排气口高温（热量聚集） | 排气口附近着火 | 火灾 | 排气口关闭；火嘴连续燃烧；排气口附近有可燃物 | 可能 | 伤亡损失 | Ⅱ | 排气口安装连锁装置，温度高时燃气阀关闭；排气口附近应为耐火构造；定期检查清理 |

## 3.4 故障类型、影响和危险度分析

20 世纪 50 年代初，美国第一次将故障类型与影响分析（failure modes and effects analysis，FMEA）思想用于一种战斗机操作系统的设计分析中，20 世纪 60 年代中期，FMEA 正式用于航天系统的设计，1976 年，美国国防部颁布了 FMEA 军用标准；1988 年，美国联邦航空局发布通报要求所有航空系统的设计和分析必须使用 FMEA。1994 年，FMEA 成为 QS-9000 的认证要求。FMEA 在多年的实践中形成了完整科学的分析方法，目前 FMEA 已经成为在很多领域广泛应用的系统安全分析方法。

故障类型和影响分析是通过识别产品、设备或生产过程中潜在的故障模式，分析故障模式对系统的影响，并将故障模式按其影响的严重程度进行分级。其实施基本思路是采取系统分割的概念，根据实际需要、分析的水平，把系统分割成子系统或进一步分割成元件。然后逐个分析元件可能发生的故障和故障呈现的状态，进一步分析故障类型对子系统以致整个系统产生的影响，并提出防止和消除事故的措施。

最初的故障类型与影响分析只能做定性分析，后来在定性分析的基础上增加了故障发生难易程度或发生概率的评价，将它与危险度分析（criticality analysis，CA）结合起来，把故障类型与影响分析从定性分析发展到定量分析，形成了故障类型、影响和危险度分析（FMECA）。

### 3.4.1 基本概念

故障、故障类型、故障影响等基本概念如下。

（1）故障。故障是指元件、子系统或系统在规定时间内和规定条件下未按设计要求完成规定的功能或功能下降。并不是所有的故障都能造成严重的后果，而是其中有些故障会影响系统，使其不能完成任务或造成事故。

（2）故障类型。故障类型是故障的表现形态，可表述为故障功能出现的方式或对操作的影响。对于不同的产品，故障类型也会有所不同。

（3）故障影响。故障影响指某种故障类型对系统、子系统、单元的操作、功能或状态所造成的影响。

（4）故障严重度。故障严重度指考虑故障所能导致的最严重的潜在后果，并以伤害程度、财产损失或系统永久破坏加以度量。

（5）严重度分级。严重度分级指按故障可能导致的最严重的潜在后果，并以伤害程度、财产损失或系统永久破坏加以度量。主要分为以下几级：

Ⅰ级：致命的——可能导致死亡或系统损失；

Ⅱ级：严重的——可能导致重伤、严重职业病、重大财产损失、严重的系统破坏；

Ⅲ级：临界的——可能造成轻伤、职业病、少量财产损失、轻度的系统破坏；

Ⅳ级：轻微的——不足以造成人身伤害、职业病、财产损失或系统永久破坏，但需要额外的维护或修理；

### 3.4.2 故障类型与影响分析的步骤

故障类型与影响分析的步骤如下。

（1）熟悉系统。故障类型与影响分析之前首先要熟悉系统的有关资料，了解系统的组成情况，系统、子系统、元件的功能及其相互的关系，系统的工作原理、工艺流程及相关参数等。还要明确系统边界（包括系统的初始运行条件或单位状态），了解系统和其他系统的相互关系、人机关系以及其他环境条件的要求等。同时，还需要将所分析的系统或设备部件的工艺、生产组织、管理和人员素质、设备等情况，以及投产或运行以来的设备故障和伤亡事故情况进行全面调查分析，收集整理伤亡事故、设备故障等方面的有关数据和资料。

（2）危险源初步辨识。组织与该系统或设备部件有关的工人、技术人员和安全管理人员开展危险预知活动，从操作行为、设备、工艺、环境因素、管理状态等方面进行危险源辨识和分析。

（3）绘制系统功能框图和可靠性框图。绘制功能性框图时需要将系统按照功能进行分解，并表示出子系统及各功能单元之间的输入、输出关系。可靠性框图是研究如何保证系统正常运行的系统图，它侧重于表达系统的功能与子系统的功能之间的逻辑关系（见图 3-2）。

（4）列出所有故障类型并分析其影响。按照可靠性框图，根据理论知识、实践经验和有关故障资料数据，列出所有可能的故障类型，填入 FMEA 表格内，并分析其对子系统、系统，以及对人的影响。

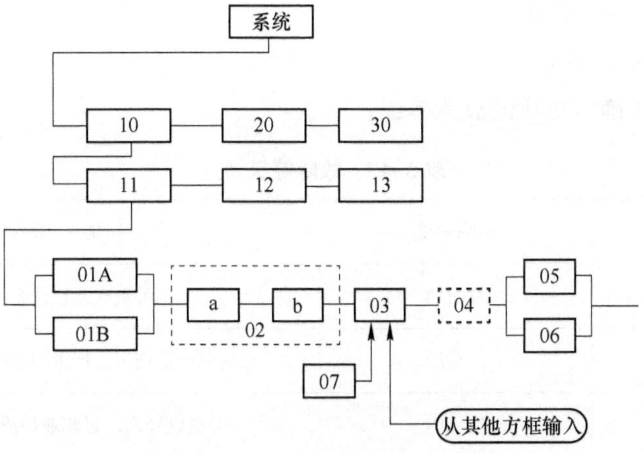


图 3-2　可靠性框图

（5）分析故障原因及故障检测方法。主要采用常规或专门的方法测定故障和危险因素，并制定故障因素和危险源的控制措施。

（6）确定故障等级。故障等级是衡量故障对系统任务、人员和财物安全造成影响的尺度。可以从故障影响大小、对系统造成影响的范围、故障发生的概率、防止故障的难易、是否重新设计等几个方面考虑。

### 3.4.3　可靠性框图

对于复杂的系统，为了说明子系统间功能的传输情况，可用可靠性框图表示系统状况。可靠性框图也称逻辑图，如图 3-2 所示。

从图 3-2 中可以看出系统、子系统和元件之间的层次关系，系统以及子系统间的功能输入及输出，串联和并联方法。各层次要进行编码，和将来制表的项目编码相对应。图 3-2说明了下列问题。

（1）主系统分为三个子系统，即 10，20，30，当然每一个子系统发生故障，都会对主系统产生影响。

（2）子系统 10 又包括组件 11，12，13。

（3）组件 11 受元件 01A，01B，02，03，04，05 与 06 的影响，他们在串联的情况下进行工作。

（4）元件 01A，01B 是冗余系统。

（5）元件 02 由两个零件 a 和 b 组成。

（6）从功能上看，元件 03 同时受到 07 和来自其他系统的影响。

（7）虚线所包含的零件 04 在特定情况下发生作用。

（8）正常运行时，元件 07 不工作。

（9）元件 05 和 06 是备件，在某些特定的情况下，05 发生故障时，06 起作用。

可靠性框图与流程图或者设备布置图不同，它只表示系统与子系统间功能流动情况，而且可以根据实际需要，对风险大的子系统进行深入分析，问题不大的则可放置一边。

### 3.4.4　故障等级的确定方法

3.4.4.1　定性分析方法

可按照表 3-13 确定事故的故障等级。

**表 3-13　故障等级划分**

| 故障等级 | 影响程度 | 可能造成的损失 |
|---|---|---|
| Ⅰ级 | 致命的 | 可造成死亡或系统损坏 |
| Ⅱ级 | 严重的 | 可造成严重伤害、严重职业病或主要系统损坏 |
| Ⅲ级 | 临界的 | 可造成轻伤、轻职业病或次要系统损坏 |
| Ⅳ级 | 可忽略的 | 不会造成伤害和职业病，系统不会受到损坏 |

3.4.4.2　评点法

在难以取得可靠性数据的情况下，可采用评点法。它从几个方面来考虑故障对系统的影响程度，用一定的点数表示程度的大小，通过计算，求出故障等级。

有两种方法求评点数，一种利用式（3-3）计算：

$$C_s = \sqrt[i]{C_1 \cdot C_2 \cdot \cdots \cdot C_i} \tag{3-3}$$

式中　$C_s$——总点数，$0<C_s<10$；

$C_i$——点数，$0<C_i<10$；

$i$——评点因素。

评点因素和点数见表 3-14。

**表 3-14　评点因素和点数表**

| 评点因素 $i$ | 点数 $C_i$ |
|---|---|
| 1. 故障影响大小；<br>2. 对系统影响程度；<br>3. 发生频率；<br>4. 防止故障的难易；<br>5. 是否新设计的工艺 | $0<C_i<10$<br>$i=1，2，3，4，5$ |

点数 $C_i$ 的确定可采取专家座谈法，即由 3~5 位有经验的专家座谈讨论，确定 $C_i$ 的数值，也可采用德尔菲法（Delphi Technique）确定 $C_i$ 的数值。

另一种求评点数的方法为查表法。这种方法是根据评点因素表（见表 3-15），求出每个项目的点数后，按式（3-4）相加，计算出总点数。

$$C_s = F_1 + F_2 + F_3 + F_4 + F_5 \tag{3-4}$$

**表 3-15 评点因素表**

| 评点因素 | 内容 | 点数 |
|---|---|---|
| 故障影响大小 $F_1$ | 造成生命损失 | 5.0 |
| | 造成相当程度的损失 | 3.0 |
| | 元件功能有损失 | 1.0 |
| | 无功能损失 | 0.5 |
| 对系统影响程度 $F_2$ | 对系统造成两处以上的重大影响 | 2.0 |
| | 对系统造成一处以上的重大影响 | 1.0 |
| | 对系统无重大影响 | 0.5 |
| 发生频率 $F_3$ | 容易发生 | 1.5 |
| | 能够发生 | 1.0 |
| | 不易发生 | 0.7 |
| 防止故障的难易程度 $F_4$ | 不能防止 | 1.3 |
| | 能够防止 | 1.0 |
| | 不易发生 | 0.7 |
| 是否新设计的工艺 $F_5$ | 内容相当新的设计 | 1.2 |
| | 内容和过去相类似的设计 | 1.0 |
| | 内容和过去同样的设计 | 0.8 |

评点数与故障等级见表 3-16。

**表 3-16 评点数与故障等级**

| 故障等级 | 评点数 | 内容 | 应采取措施 |
|---|---|---|---|
| Ⅰ致命的 | 7~10 | 完不成任务，人员伤亡 | 变更设计 |
| Ⅱ严重的 | 4~7 | 大部分任务完不成 | 重新讨论设计，也可变更设计 |
| Ⅲ临界的 | 2~4 | 一部分任务完不成 | 不必变更设计 |
| Ⅳ可忽略的 | <2 | 无影响 | 不采取其他措施 |

### 3.4.5 故障类型、影响和危险度分析

故障类型、影响和危险度分析（FMECA）也称故障类型、影响和致命度分析，是综合考虑故障严重度和故障发生的可能性来对故障类型进行评价的方法。在 FMEA 的基础上，对故障严重度等级为Ⅰ级—致命的（有时也针对Ⅱ级—严重的）故障类型一般需进一步做危险度分析。

FMECA 的目的是给出某种故障类型的发生概率及故障严重度的综合度量。

可以把概率和严重度分别划分为若干等级。根据经验确定故障发生概率，再用概率和严重度等级的不同组合区分故障类型所导致的风险程度。

**例 3-3** 对起重机制动装置和钢丝绳部分做 FMECA，结果见表 3-17。

表 3-17 起重机制动装置和钢丝绳 FMECA

| 项目 | 构成元素 | 故障类型 | 故障影响 | 严重度 | 概率① | 风险程度② | 检测方法 | 整改措施 |
|---|---|---|---|---|---|---|---|---|
| 制动装置 | 电气元件 | 动作失灵 | 过卷、坠落 | Ⅳ | $10^{-2}$ | 大 | 仪表检查 | 立即检修 |
| | 机械部件 | 变形、磨损 | 破裂 | Ⅲ | $10^{-4}$ | 中 | 观察 | 及时检修 |
| | 制动瓦块 | 间隙过大 | 摩擦力小 | Ⅲ | $10^{-3}$ | 大 | 检查 | 立即调整 |
| 钢丝绳 | 股 | 变形、磨损 | 断绳 | Ⅳ | $10^{-4}$ | 中 | 观察 | 立即更换 |
| | 钢丝 | 断丝超标 | 断绳 | Ⅳ | $10^{-1}$ | 大 | 检查 | 立即更换 |

①发生概率分为：非常容易发生——$1\times10^{-1}$；容易发生——$1\times10^{-2}$；偶尔发生——$1\times10^{-3}$；不常发生——$1\times10^{-4}$；很难发生——$1\times10^{-5}$；几乎不发生——$1\times10^{-6}$。

②风险程度分为：大——危险；中——临界；小——安全。

也可以用危险度指数来衡量故障类型导致实际损失的频次。对某单元的任一故障类型，其危险度指数由式（3-5）计算：

$$C_m = \alpha\beta k_1 k_2 \lambda_b t \tag{3-5}$$

式中 $C_m$——故障类型的危险度指数；

$\alpha$——故障类型比，为单元故障属于该故障类型的概率，考虑该单元的所有故障类型，$\alpha$ 的总和应为 1；

$\beta$——故障影响概率，为该故障类型出现时，实际发生损失的条件概率，$\beta$ 值可参照表 3-18 选取；

$k_1$——运行强度修正系数，为实际运行强度与实验室测定基本故障率 $\lambda_b$ 时运行强度之比；

$k_2$——实际运行环境修正系数；

$\lambda_b$——单元的基本故障率；

$t$——完成一项任务所需的运行时间或周期。

表 3-18 $\beta$ 值

| 故 障 影 响 | 发生概率 $\beta$ |
|---|---|
| 肯定造成损失 | $\beta=1$ |
| 很可能造成损失 | $0.1\leqslant\beta<1$ |
| 可能造成损失 | $0<\beta\leqslant0.1$ |
| 没有影响 | $\beta=0$ |

对一个单元或系统（有多种故障类型），可由式（3-6）计算对应特定故障严重度级别的危险度指数，称为单元或系统危险度指数。

$$C_r = \sum_{i=1}^{n}(\alpha\beta k_1 k_2 \lambda_b t) \tag{3-6}$$

式中 $C_r$——单元或系统危险度指数；

$i$——单元或系统属于特定故障严重度级别的故障类型编号；

$n$——单元或系统属于特定故障严重度级别的故障类型总数。

显然，危险度指数并不是一个完全的风险指标，而是一种故障类型的可能性指标，它需要与故障严重度相结合才能对系统风险作出评价。可以危险度指数为纵坐标，以故障严重度为横坐标，绘制危险度矩阵图，来评价系统风险，如图3-3所示。

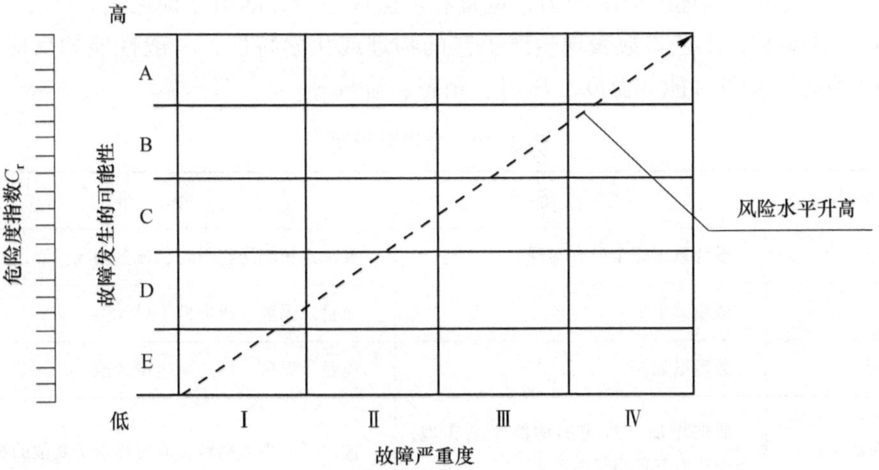


图3-3　危险度矩阵

# 3.5　危险和可操作性研究

危险和可操作性研究（hazard and operability analysis，HAZOP）是一种基于“引导词”的、由多专业人员组成的研究组通过一系列的会议来实施的、对系统工艺或操作过程中存在的可能导致有害后果的各种偏差加以系统识别的定性分析方法。

HAZOP最初是用于化工过程安全分析，目前其应用已扩展至机械、运输、软件开发等许多领域，并在实践中形成了多种应用类型，如：过程HAZOP（process HAZOP，主要用于分析工厂或工艺过程）、程序HAZOP（procedure HAZOP，主要用于分析操作程序）、人为HAZOP（human HAZOP，主要用于分析人的差错）、软件HAZOP（Software HAZOP，用于分析软件开发过程中可能出现的错误）。不同的应用类型的主要差别是结合不同的系统，对引导词做出各自合理的解释，但基本方法都是一致的。下面主要以过程HAZOP为例，介绍HAZOP的分析方法。

## 3.5.1　基本概念和术语

进行危险和可操作性研究时，应全面地、系统地审查工艺过程，不放过任何可能偏离设计意图的情况，分析其产生原因及其后果，以便有的放矢采取控制措施。

危险和可操作性研究常用的术语如下：

（1）意图（intention），指工艺某一部分完成的功能，一般情况下用流程图表示；

（2）偏差（或偏离）（deviation），指与设计意图的情况不一致，在分析中运用引导词系统地审查工艺参数来发现偏离；

（3）原因，产生偏离的原因，通常是物的故障、人的失误、意外的工艺状态（如成分的变化）或外界破坏等原因引起；

（4）后果，其指偏离设计意图所造成的后果（如有毒物质泄漏等）；

（5）引导词（guide words），引导词是在危险源辨识的过程中为了启发人的思维，对设计意图定性或定量描述的简单词语，危险和可操作性研究的引导词见表3-19；

（6）工艺参数，工艺参数表现生产工艺的物理或化学特性，一般性能如反应、混合、浓度、pH值等，特殊性能如温度、压力、相态、流量等。

**表3-19 常用引导词**

| 引导词 | 意　义 | 举　例 |
|---|---|---|
| 否 | 设计意图完全没有实现 | 要求系统输送物料时，流量为零 |
| 少 | 数量减少 | 流量、温度、压力低于设计值 |
| 多 | 数量增加 | 流量、温度、压力超过设计值 |
| 并且 | 质的增加（规定的功能完全实现，此外还有其他事情发生） | 输送了所需的物料，同时输送了其他的物质 |
| 部分 | 质的减少（规定的功能没有全部实现，只实现了一部分） | 需要整个系统停机，但只停了一部分；混合物料中缺少某种组分 |
| 相反 | 出现了与设计意图在逻辑上完全相反的事或物 | 流动方向与要求相反，使用了作用完全相反的物质（例如，把催化剂当成了抑制剂）；操作程序颠倒 |
| 其他 | 出现了与设计意图不同的事或物 | 输气管路中出现了液体 |

### 3.5.2 危险和可操作性研究的基本步骤

危险和可操作性研究的基本步骤如下。

（1）确立研究目的、对象和范围。

（2）成立研究组。研究组的构成一般包括：组长1人，负责确定分析范围、选择组员、策划分析、主持危险和可操作性研究会议。组长不应对生产过程或操作性能负有责任，以保证其独立性。秘书1人，负责记录危险和可操作性研究工作表、危险和可操作性研究会议记录、草拟危险和可操作性研究报告。组员若干，由组长选择，一般应包括负责项目、调试、工艺、机电及安全方面的工程技术或管理人员。

（3）收集系统资料。收集与研究系统有关的详细资料，一般包括工艺流程图、系统布置图、原料安全性能数据表、操作手册（包括设备启动及紧急停车程序）等。

（4）分解系统。将研究对象划分成若干适当的部分。

（5）选择研究节点。节点就是所评价系统的特定部位，也就是系统的软、硬件组成单元或子系统。

（6）明确节点功能。对所选择的研究节点应明确其设计意图和理想的状态参数。

（7）应用引导词。依次应用所有预先给定的引导词，分析研究节点可能出现的偏差、导致偏差的原因及偏差所能造成的后果。

（8）提出措施。对通过第（7）步发现的、有重要影响的，且实际存在的原因提出有效的对策措施。

（9）选择下一研究节点，重复（5）~（8）步，直到所有节点分析完毕。

（10）编写 HAZOP 报告。

### 3.5.3 引导词及其意义

引导词是一些用于启发思维、激发人对系统偏差产生联想的简短词汇。常用的引导词及意义见表 3-19。

### 3.5.4 HAZOP 举例

**例 3-4** 图 3-4 所示为一个简化的反应系统，原料 A 和 B 反应生成 C。如反应罐中 B 的数量超过 A 或反应罐中只有 B，则会发生爆炸。下面对该系统进行 HAZOP 分析。

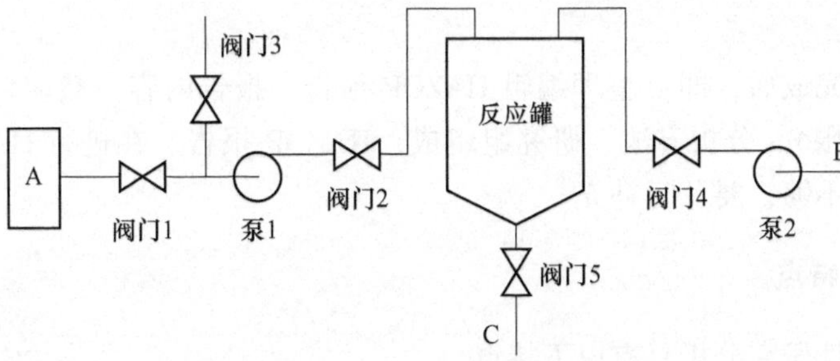


图 3-4 反应系统示意图

假设研究小组已经成立，并已获取所需的资料，则可按以下步骤进行 HAZOP 分析。

（1）将该系统分解为 4 部分：原料 A 的输送部分、原料 B 的输送部分、反应罐、产品 C 的输出部分。

（2）首先选择原料 A 的输送部分（包括管路、阀门、输送泵）为研究节点。

（3）该节点的功能是定量将原料 A 泵入反应罐，且应保证在原料 B 泵入之前将规定数量的原料 A 泵入反应罐。

（4）应用引导词。

1）第 1 个引导词是“否”。可想象出的偏差是没有原料 A 泵入反应罐。可能的原因有：①原料 A 的储罐是空的；②阀门 1 或阀门 2 未打开；③泵 1 堵塞；④泵 1 未工作（有多种可能原因，如电源开关未打开、无电源、泵坏了）；⑤管路破裂。后果是可能发生爆炸。

2）第 2 个引导词是“少”。偏差是泵入反应罐的原料 A 太少。可能的原因有：①泵 1 能力不足；②控制阀门（阀门 1 或阀门 2）开启不够；③管路堵塞；④泵 1 运行时间太短。后果是可能发生爆炸。

3）第 3 个引导词是“多”。偏差是泵入反应罐的原料 A 太多。可能的原因有：①泵 1 能力过大；②控制阀门（阀门 1 或阀门 2）开启过大。其后果可能是反应罐中 A 过多，产品可能不合格。

4）第 4 个引导词是“并且”。偏差是虽然原料 A 按设计要求被泵入反应罐，但还有其他事情发生。比如，有其他物质被泵入反应罐（可能的原因是阀门 3 被开启），后果是反应罐被污染，产品中有杂质。

5）第 5 个引导词是“部分”。可能的偏差是泵入反应罐的原料 A 中缺少某种组分，原因是原料 A 配比不当，后果是可能发生爆炸。如果原料 A 是单一组分，则这种可能不存在。

6）第 6 个引导词是“相反”。偏差是原料 A 从反应罐被泵入储罐。可能的原因有：①泵 1 被反向启动；②由于重力作用发生逆流。后果是可能发生爆炸。

7）第 7 个引导词是“其他”。可能的偏差是原料 A 没有被泵入反应罐，而其他物质被泵入。可能的原因是：阀门 3 开启，阀门 1 关闭。后果是可能发生爆炸。

至此，全部引导词应用完毕，可针对造成偏差的原因拟定措施，整理分析结果填入 HAZOP 工作表。选择下一研究节点（如原料 B 的输送部分）重复以上过程（请读者练习）。

所有节点分析完成后，即可整理编辑 HAZOP 报告。报告内容一般应包括：摘要、前言、系统定义（界限）、分析方法、研究组组成、HAZOP 报告。在进行 HAZOP 分析过程中如发现掌握资料不够，要及时补充。

### 3.5.5 HAZOP 的特点

危险和可操作性研究分析具有以下特点。

（1）它是从生产系统中的工艺状态参数出发来研究系统中的偏差，运用启发性引导词来研究温度、压力、流量等状态参数的变动可能引起的各种故障的原因、存在的危险以及采取的对策。

（2）它是故障类型及影响分析的发展。它研究和运行状态参数有关的因素，从中间过程出发，向前分析其原因，向后分析其结果，直观有效，更易查找事故的基本原因和发展结果。

（3）危险和可操作性研究，不需要有可靠性工程的专业知识，因而很易掌握。使用引导词进行分析，既可启发思维，扩大思路，又可避免漫无边际地提出问题。

（4）研究的状态参数正是操作人员控制的指标，针对性强，利于提高安全操作能力。

（5）研究结果既可用于设计的评价，又可用于操作评价；既可用来编制、完善安全规程，又可作为可操作的安全教育材料。

（6）该方法主要适用于化工企业。

## 3.6 鱼刺图法

### 3.6.1 鱼刺图法定义

鱼刺图又称为因果分析图，是以结果作为特性，以原因作为因素，在它们之间用箭头联系表示因果关系。事故发生的因素多种多样，这些因素往往又错综复杂地交织在一起。评价人员只有准确地找出问题产生的根源才能从根本上解决问题。鱼刺图就是寻找事故产生原因的一种有效方法，它能清晰、高效地整理和分析出事故和诸因素之间的关系。

### 3.6.2 鱼刺图法特点

鱼刺图法的特点如下。

（1）优点：鱼刺图法是针对某一结果通过分析，制作因果图，并查明和确认主要原因的方法。此方法简便实用，易于推广。既适合企业安全管理人员自评，也适合于安全评价人员对事故进行系统原因分析。

（2）缺点：鱼刺图法通常需要充分发动全体评价人员动脑筋，针对问题寻找可能引起事故的原因，一般需要多人集思广益，把所有可能的原因都列出来，共同分析事故的原因。应注意使用该法寻找事故原因时，防止只停留在罗列的表面现象，而不深入分析因果关系的情况，原因表达要简练明确。此方法只能定性不能定量。

### 3.6.3 鱼刺图法应用范围

鱼刺图法源于质量管理，现在在安全工程领域中被广泛应用，鱼刺图法可使用在一般评价管理及工作改善的各种阶段，特别是树立意识的初期，易于使问题的原因明朗化，是一种重要的事故分析和评价方法。

### 3.6.4 鱼刺图法的步骤

鱼刺图是一种充分发动员工动脑筋、查原因、集思广益的好办法，将相关专家聚集在一起，通过召开“诸葛亮”会来集思广益地解决问题，可针对问题发动大家寻找可能的原因，使每个人都畅所欲言，把所有可能的原因都列出来（见图3-5），具体步骤如下所述：

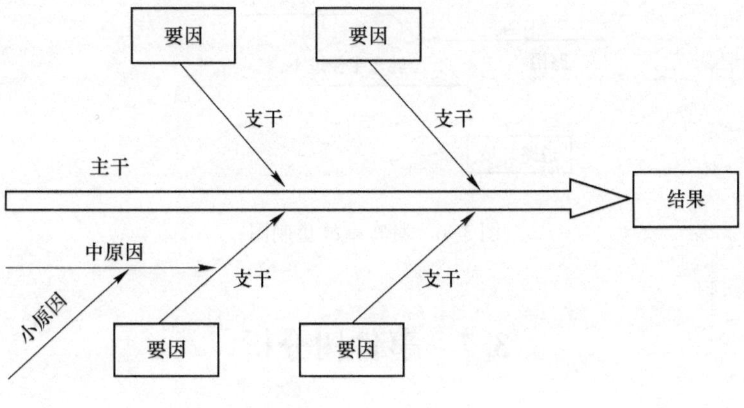


图3-5 鱼刺图示意

（1）明确要解决问题的准确含义，用确切的语言把事故类型表达出来，并用方框画在图面的最右边；

（2）从事故出发先分析大原因（要因），再以大原因作为结果寻找中原因，然后以中原因为结果寻找小原因，甚至更小的原因；

（3）画出主干线，主干线的箭头指向事故，再在主干线的两边依次用不同粗细的箭头线表示出大、中、小原因之间的因果关系，在相应箭头线旁边注出原因内容；

（4）找出主要原因，用显著记号或图把主要内容圈起来，以示突出；

（5）记录因果图的绘制日期、参加讨论的人员及其他备查的事项。

图3-5中，“结果”表示不安全问题，事故类型；主干是一条长箭头，表示某一事故现象；长箭头两边有若干“支干”“要因”，表示与该事故现象有直接关系的各种因素，它是综合分析和归纳的结果；“中原因”则表示与“要因”直接有关的因素，依次类推，便可以把事故的各种大小原因客观地、全面地找出来。

### 3.6.5　鱼刺图法解析及评价应用实例分析

**例3-5**　图3-6是对一起翻车事故所作的鱼刺图。由图3-6可知，这起事故的主要原因是驾驶员麻痹大意，在小雨、路滑、视线不良的弯道上不提前减速，以至于在对面来车时，躲避不及，造成车辆侧滑，车载货物固定不牢，重心偏移，导致车辆倾覆。在找出这起事故的主要原因、次要原因的基础上，便可以有针对性地采取措施。

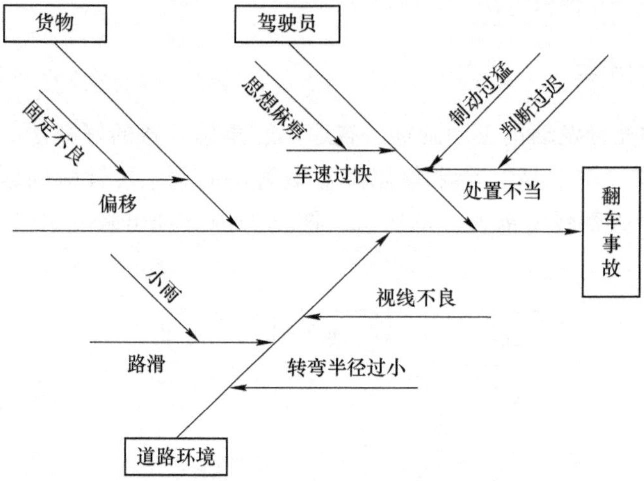


图3-6　翻车事故鱼刺图

## 3.7　事件树分析

事件树分析（event tree analysis，ETA）是从一个初始事件开始，按事件的发展顺序考虑各个环节事件成功或失败，预测各种可能结果的归纳分析方法。逐一从所有可能的起始事件出发，通过ETA可以分析出复杂系统中可能出现的各种事故模式及其后果，并能根据起始事件及环节事件的概率计算各种结果的概率。

### 3.7.1 事件树分析的基本原理

事件树分析是利用逻辑思维的规律和形式，分析事故的起因、发展和结果的整个过程。利用事件树分析事故的发生过程，以“人、机、物、环境”综合系统为对象，分析各环节事件成功与失败两种情况，从而预测系统可能出现的各种结果。

事件树是一种从原因到结果的过程分析。其基本原理是：每个系统都是由初始事件、环节事件组成，每个环节事件都有成功（或正常）或失败（或失效）两种可能或分支。如果将成功记为1，并作为上分支，将失败记为0，作为下分支；然后再分别从这两个状态开始，仍按成功（记为1）或失败（记为0）两种可能分析；这样一直分析下去，直到最后结果为止，最后即形成一个水平放置的树状图。

从事故的发生过程看，任何事故的瞬间发生都是在事物的一系列发展变化环节中接二连三“失败”所致。因此，利用事件树原理对事故的发展过程进行分析，不但可以掌握事故过程规律，还可以辨识导致事故的危险源。

### 3.7.2 事件树分析的步骤

事件树分析的步骤如下。

（1）确定系统、熟悉系统。明确系统、子系统的边界范围以及各部件的相互关系。

（2）确定初始事件。一般选择系统故障、设备失效、人员误操作等的异常事件作为初始事件。

（3）找出与初始事件有关的环节事件。环节事件为出现在初始事件后一系列可能造成事故后果的其他原因事件。

（4）画事件树。按照系统的构成状况，把初始事件写在最左边，各个环节事件按顺序写在右面，用垂直线段表示成功和失败两种状态，直至最后一个环节事件为止，在事件树的右端标明事件的结果和此后果事件的发生概率。

（5）事件树的简化。简化原则：1）失败率极低的系统可以不列入事件树中；2）当系统已经失败，从物理效果看在其后继的各系统不可能减缓后果时，或其后继系统已由于前置系统的失败而同时失败，则以后的系统不再分支。

（6）进行定量计算。针对所建事件树，分析和计算初始事件和环节事件的发生概率及各事件之间的相互依赖关系，然后根据已知的初始事件和环节事件的概率定量计算后果事件的概率。

（7）说明分析结果。在事件树最后面写明由初始事件引起的各种事故结果或后果。为清楚起见，对事件树的初始事件和各环节事件用不同的字母加以标记。

### 3.7.3 事件树分析图

事件树分析图通常包括以下信息：初始事件、环节事件、后果事件，如图3-7所示。

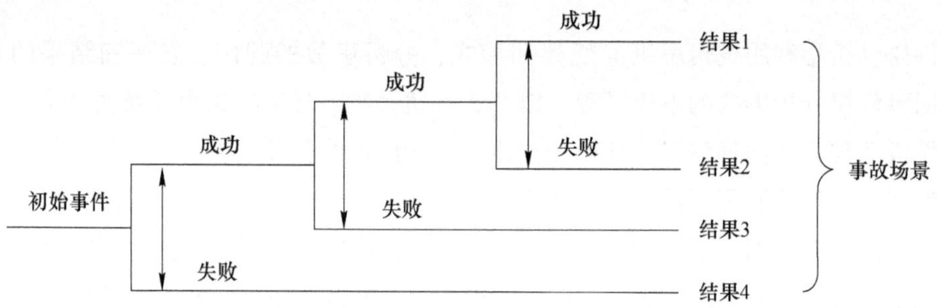


图 3-7　事件树分析图

### 3.7.4　ETA 举例

**例 3-6**　如图 3-8 所示是由一台泵和两个阀门组成的串联物料输送系统。物料沿箭头方向顺序经过泵 A、阀门 B 和阀门 C。当泵 A 接到启动信号后，可能有两种状态：正常启动开始运行，或失效不能输送物料。同样，阀门 B 或阀门 C 也都有正常和失效两种状态。依次考虑 A、B、C 的不同状态，将正常作为上分支，失效作为下分支，得到串联物料输送系统的事件树，如图 3-9 所示。

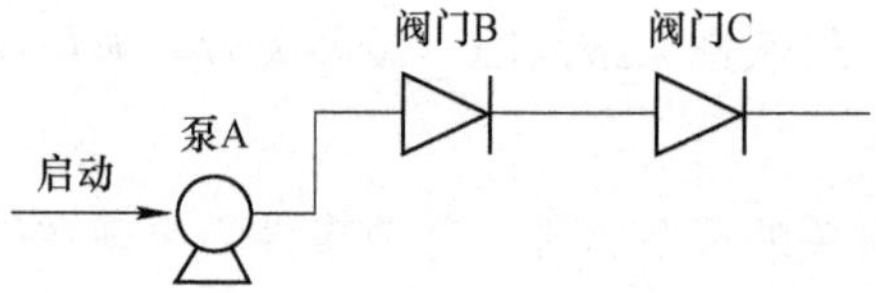


图 3-8　串联物料输送系统

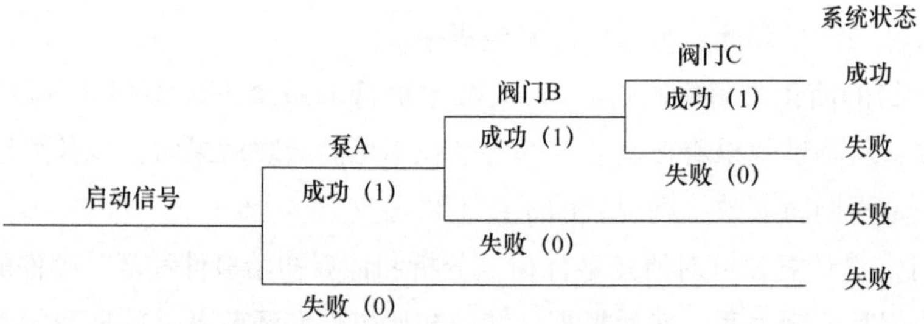


图 3-9　串联物料输送系统事件树

从图 3-9 所示的事件树可见，只有泵 A、阀门 B 和阀门 C 均处于正常状态（111）时，系统才能正常运行，其他 3 种状态（110）、（10 * ）、（0 * * ）均为系统失效（ * 表示对应元件的状态为任意）。

若各元件的可靠度已知，则可根据元件可靠度（$R_i$）求取系统可靠度（$R_S$）和不可靠度（$F_S$）。如已知 $R_A=0.95$（$F_A=0.05$），$R_B=0.9$（$F_B=0.1$），$R_C=0.9$（$F_C=0.1$），则可求出系统的可靠度为：$R_S=R_AR_BR_C=0.95\times0.9\times0.9=0.7695$。

系统失败概率，即不可靠度为：$F_S=1-R_S=1-0.7695=0.2305$。

**例 3-7** 如果改变一下图 3-8 物料输送系统的结构，将阀门 B、C 改为并联，将阀门 C 作为备用阀。当阀门 B 失效时，阀门 C 开始工作，其系统如图 3-10 所示，变更后的系统的事件树则如图 3-11 所示。

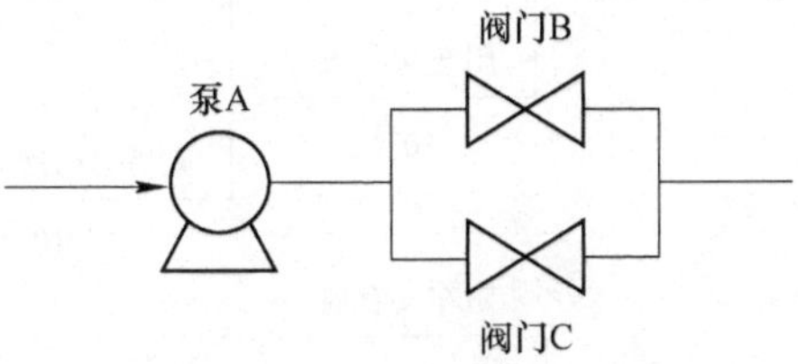


图 3-10 物料输送系统

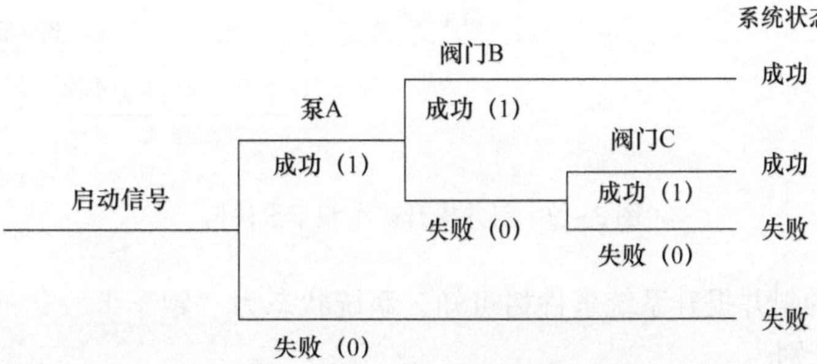


图 3-11 并联物料输送系统的事件树

从图 3-11 并联物料输送系统的事件树可以看出，各元件状态组合为（11）和（101）时，系统处于正常状态。其余两种情况，系统处于失效状态。这样，就可以从上述结果求得阀门并联系统的可靠度。

如已知 $R_A=0.95$（$F_A=0.05$），$R_B=0.9$（$F_B=0.1$），$R_C=0.9$（$F_C=0.1$），则可求出系统的可靠度为：$R_S=R_AR_B+R_A(1-R_B)R_C=0.95\times0.9+0.95\times0.1\times0.9=0.9405$。

而系统失败概率，即不可靠度为：$F_S=1-R_S=1-0.9405=0.0595$。

显然，阀门并联的系统可靠度比阀门串联的系统大得多。

**例 3-8** 一斜井提升系统，为防止跑车事故，在矿车下端安装了阻车叉，在斜井里安装了人员起动的捞车器。当提升钢丝绳或连接装置断裂时，阻车叉插入轨道枕木下阻止矿车下滑。当阻车叉失效时，人员起动捞车器拦住矿车。设钢丝绳断裂概率为 $10^{-4}$，连接装置断裂概率为 $10^{-6}$，阻车叉失效概率为 $10^{-3}$，人员操作捞车器失误概率为 $10^{-2}$，捞车器失效概率为 $10^{-3}$。画出因钢丝绳（或连接装置）断裂引起跑车事故的事件树，计算跑车事故发生概率。

（1）编制跑车事故事件树如图 3-12 所示。

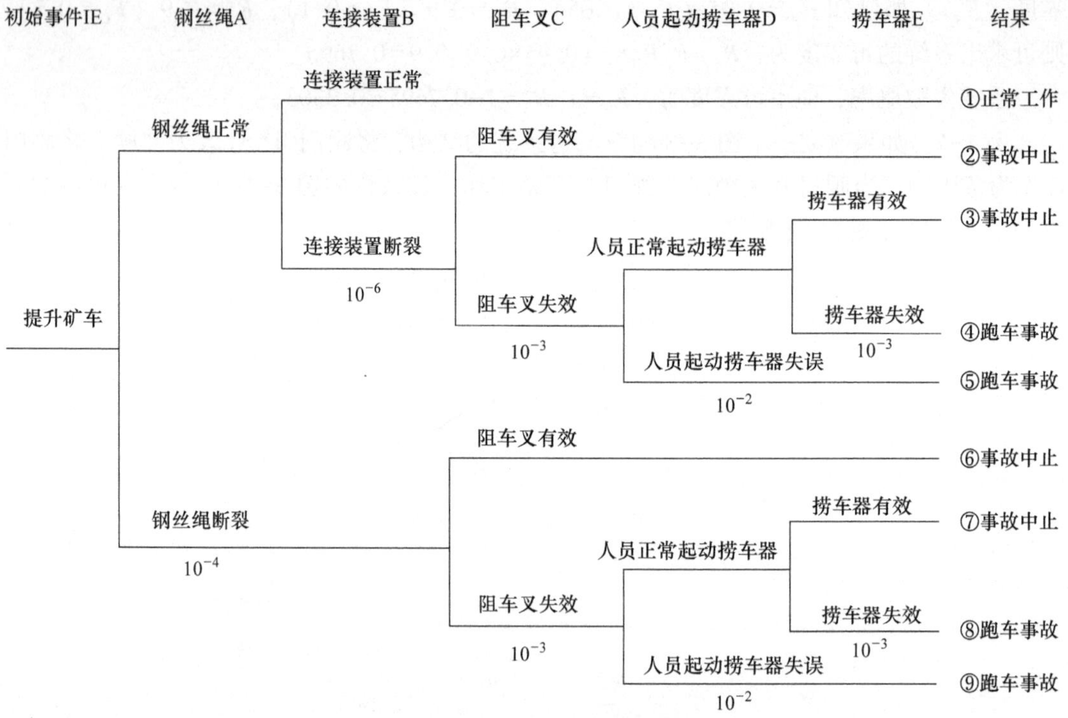


图 3-12　斜井提升矿车跑车事件树

（2）由编制的斜井提升系统事件树可知，系统状态为“跑车事故”的有④、⑤、⑧、⑨，他们的概率分别为

$$P_4=R_A(1-R_B)(1-R_C)R_D(1-R_E)$$
$$=(1-10^{-4})\times10^{-6}\times10^{-3}\times(1-10^{-2})\times10^{-3}=9.899\times10^{-13}$$
$$P_5=R_A(1-R_B)(1-R_C)(1-R_D)$$
$$=(1-10^{-4})\times10^{-6}\times10^{-3}\times10^{-2}=9.999\times10^{-12}$$
$$P_8=(1-R_A)(1-R_C)R_D(1-R_E)$$
$$=10^{-4}\times10^{-3}\times(1-10^{-2})\times10^{-3}=9.9\times10^{-11}$$
$$P_9=(1-R_A)(1-R_C)(1-R_D)$$
$$=10^{-4}\times10^{-3}\times10^{-2}=10^{-9}$$

由此可得，矿车斜井提升系统发生“跑车事故”的概率为

$$P\text{（跑车）}=P_4+P_5+P_8+P_9=1.1099\times10^{-9}$$

### 3.7.5　事件树分析的特点和注意事项

#### 3.7.5.1　事件树分析的特点

事件树分析的特点有：

（1）简单易懂，启发性强；

（2）逻辑严密，判断准确，能找出事故发展规律；

（3）既可以定性分析，又可以定量分析。

3.7.5.2 事件树分析的注意事项

事件树分析的注意事项有：

（1）选择事件树的起始事件时，应选择系统中可能出现的、能导致事故的偏差或差错，特别是对系统的安全影响大、发生频率高的事件；

（2）选择事件树的环节事件时，应注意考虑对安全防护装置的成功或失败及其他可能对起始事件发展进程产生影响的事件，并注意在安排环节事件的次序时，与事件发展的时序逻辑保持一致；

（3）要注意人的不安全因素的影响。

## 3.8 事故树分析

事故树分析（fault tree analysis，FTA）是安全系统工程中常用的一种分析方法。1961年，美国贝尔电话研究所的维森（H. A. Waston）在研究民兵式导弹发射控制系统的安全性评价中首先提出了FTA，用它来预测导弹发射的随机故障概率。接着，美国波音飞机公司的哈斯尔（Hassle）等人对这个方法又做了重大改进，并采用电子计算机进行辅助分析和计算。1974年，美国原子能委员会应用FTA对商用核电站进行了风险评价，发表了拉斯姆逊报告（Rasmussen report），引起世界各国的关注。目前事故树分析法已从宇航、核工业进入一般电子、电力、化工、机械、交通等领域，它可以进行故障诊断、分析系统的薄弱环节，指导系统的安全运行和维修，实现系统的优化设计。

事故树分析又称故障树分析，它从一个可能的事故开始，自上向下、一层一层的寻找引起顶事件发生的直接原因事件和间接原因事件，直到基本原因事件，并用逻辑图把这些事件之间的逻辑关系表达出来。事故树分析是一种演绎分析方法，即从结果分析原因的方法。事故树中各因果关系用不同的逻辑门连接起来，这样得到的图形像一颗倒置的树，所以人们习惯把这种研究方法称为事故树分析。

### 3.8.1 FTA基本程序

FTA是根据系统可能发生的事故或已经发生的事故所提供的信息，去寻找同事故发生有关的原因，以便采取有效的防范措施，防止事故发生。FTA一般可按下述步骤进行，在具体分析过程中，分析人员可根据实际条件或资料的掌握程度选取其中的若干步。

（1）准备阶段。

1）确定所要分析的系统，合理确定系统的边界条件。

2）熟悉系统，对于确定要分析的系统进行深入的调查研究，收集系统的有关资料与数据，包括系统的结构、性能、工艺流程、运行条件、事故类型、维修情况、环境因素等。

3）调查系统发生的事故，收集、调查所分析系统曾经发生过的事故和将来有可能发生的事故，同时还要收集、调查本单位与外单位、国内与国外同类系统曾发生的所有事故。

（2）编制事故树。

1）确定事故树的顶事件。确定顶事件是指确定所要分析的对象事件，根据事故调查分析结果，选择易于发生且后果严重的（风险大的）事故作为顶事件。

2）调查事故原因。从人、机、环境和信息等方面调查与事故树顶事件有关的所有事故原因。

3）编制事故树。把事故树顶事件与引起顶事件的原因事件，采用一些规定的符号，按照一定的逻辑关系，绘制反映事件之间因果关系的树形图。

（3）事故树定性分析，主要是依据事故树的结构，求事故树的最小割集或最小径集，以及基本事件的结构重要度。

（4）事故树定量分析，包括根据各基本事件的发生概率，计算顶事件发生的概率及计算各基本事件的概率重要度和临界重要度。

（5）事故树分析的结果总结与应用，对事故树分析的结果及时进行评价、总结，提出改进建议，整理、储存事故树定性和定量分析的全部资料与数据，并注重综合利用各种安全分析的资料，为系统安全性评价与安全性设计提供依据。

### 3.8.2 事故树的符号及其意义

事故树是由事件和逻辑门构成的，事故树采用的符号包括事件符号、逻辑门符号和转移符号 3 大类。

3.8.2.1 事件符号

（1）结果事件。结果事件是其他事件或事件组合所导致的事件。结果事件分为顶事件和中间事件，用图 3-13（a）矩形符号表示。

1）顶事件。顶事件是系统可能发生的或实际已经发生的事故结果，位于事故树的顶端，是逻辑门的输出事件。

2）中间事件。位于事故树顶事件和基本事件之间的结果事件。它既是某个逻辑门的输出事件，又是其他逻辑门的输入事件。

（2）基本事件。基本事件是导致其他事件的原因事件，位于事故树的底端，是其他逻辑门的输入事件。基本事件包括基本原因事件、省略事件、开关事件、条件事件等。

1）基本原因事件。基本原因事件表示导致顶事件发生的最基本的或不能再向下分析的原因或缺陷事件，用图 3-13（b）圆形符号表示。

2）省略事件。省略事件表示没有必要进一步向下分析或其原因不明确的原因事件。另外，省略事件还表示二次事件，即不是本系统的原因事件，而是来自系统之外的原因事件，用图 3-13（c）中的菱形符号表示。

3）开关事件。开关事件又称正常事件，它是在正常工作条件下必然发生或必然不发生的事件，用图 3-13（d）中的房形符号表示。

4）条件事件。条件事件是限制逻辑门开启的事件，用图 3-13（e）中的椭圆形符号表示。

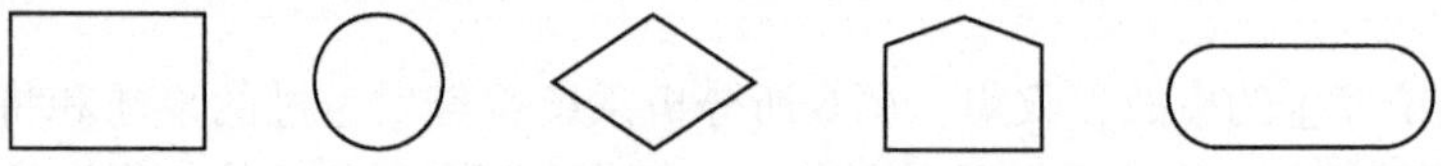


图 3-13 事件符号

（a）结果事件；（b）基本原因事件；（c）省略事件；（d）开关事件；（e）条件事件

#### 3.8.2.2　逻辑门符号

逻辑门是连接各事件并表示其逻辑关系的符号，主要包括与门、或门、条件与门、条件或门以及禁门等。

（1）与门符号。与门可以连接数个输入事件 $E_1$、$E_2$，…，$E_n$和一个输出事件 E，表示仅当所有输入事件都发生时，输出事件 E 才发生的逻辑关系。与门符号如图 3-14（a）所示。

（2）或门符号。或门可以连接数个输入事件 $E_1$、$E_2$，…，$E_n$和一个输出事件 E，表示至少一个输入事件发生时，输出事件 E 就发生。或门符号如图 3-14（b）所示。

（3）条件与门。表示输入事件不仅同时发生，而且还必须满足条件 A，才会有输出事件发生。条件与门符号如图 3-14（c）所示。

（4）条件或门。表示输入事件中至少有一个发生，在满足条件 A 的情况下，输出事件才发生。条件或门符号如图 3-14（d）所示。

（5）禁门。表示当输入某一事件 $E_n$时，如果满足某一限制条件 A，就会使得输出结果 E 发生。禁门符号如图 3-14（e）所示。

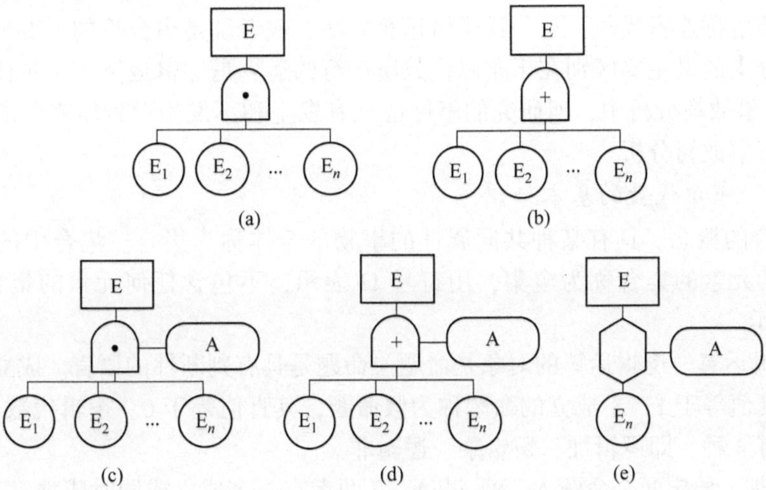


图 3-14　逻辑门符号

（a）与门符号；（b）或门符号；（c）条件与门符号；（d）条件或门符号；（e）禁门符号

#### 3.8.2.3　转移符号

转移符号的作用是表示部分事故树图的转入和转出。当事故树规模比较大或者整个事故树中多处包含有相同的部分事故树图时，为了简化整个树图，便可用图 3-15（a）所示的转出符号和图 3-15（b）所示的转入符号。

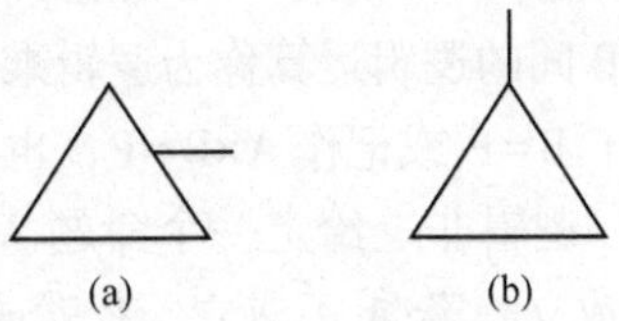


图 3-15　转移符号

（a）转出符号；（b）转入符号

### 3.8.3　事故树的编制规则

事故树的编制过程是一个严密的逻辑推理过程，应遵循以下规则：

（1）确定顶事件应优先考虑风险大的事故事件。能否正确选择顶事件，直接关系到分析的结果，是事故树分析的关键。在系统危险分析的结果中，不希望发生的事件不止一个，每一个不希望发生的事件都可以作为顶事件。但是应综合考虑事件的发生频率和后果严重程度，把风险高的事件优先作为分析的对象，即顶事件。

（2）确定边界条件的规则。在确定了顶事件之后，为了不致使事故树过于烦琐、庞大，应明确规定被分析系统与其他系统的界面，以及一些必要的合理的假设条件。

（3）循序渐进的规则。事故树分析是一种演绎的方法，在确定了顶事件后，要逐级展开。首先，分析顶事件发生的直接原因，在这一级的逻辑门的全部输入事件已无遗漏地列出之后，再继续对这些输入事件的发生原因进行分析，直至列出引起顶事件发生的全部基本事件为止。

（4）不允许门与门直接相连的规则。在编制事故树时，任何一个逻辑门的输出都必须有一个结果事件，不允许不经过结果事件而将门与门直接相连。

### 3.8.4 事故树的数学表达

#### 3.8.4.1 布尔代数

布尔代数也称逻辑代数，是一种逻辑运算方法，或者说是集合论的一部分。布尔代数与其他数学分支的最主要区别在于布尔代数所进行的运算是逻辑运算，布尔代数的数值只有 0 和 1。在事故树分析中，所研究的事件也只有发生和不发生两种状态，所以可以借助布尔代数进行事故树分析。

#### 3.8.4.2 布尔代数的基本知识

（1）集合的概念。具有某种共同属性的事物的全体称为集合。集合中的事故称为元素。包含一切元素的集合称为全集，用符号 Ω 表示，不包含任何元素的集合称为空集，用符号 Φ 表示。

（2）逻辑运算。逻辑运算的对象是命题。命题是具有判断性的语言。成立的命题称为真命题，其真值等于 1；不成立的命题称为假命题，其真值等于 0。逻辑代数也可以运算，其基本运算有 3 种，即逻辑加、逻辑乘、逻辑非。

1）逻辑加。给定两个命题 A、B，若 A、B 两者有一个成立或同时成立，S 就成立；否则 S 不成立，则这种 A、B 间的逻辑运算称为逻辑加，也称“或”运算。构成的新命题 S 称为 A、B 的逻辑和。记作 $A\cup B=S$ 或记作 $A+B=S$。逻辑加相当于集合运算中的“并集”。

2）逻辑乘。给定两个命题 A、B，若 A、B 同时成立，P 就成立；否则 P 不成立，则这种 A、B 间的逻辑运算称为逻辑乘，也称“与”运算。构成的新命题 P 称为 A、B 的逻辑积。记作 $A\cap B=P$ 或记作 $A\times B=P$，也可记作 $AB=P$。逻辑乘相当于集合运算中的“交集”。

3）逻辑非。给定一个命题 A，对它进行逻辑运算后，构成新的命题为 F，若 A 成立，F 就不成立；若 A 不成立，F 就成立。这种对 A 进行的逻辑运算称为逻辑非，构成的新命题 F 称为 A 的逻辑非，记作 $\overline{A}$。逻辑非相当于集合运算中的“补集”。

#### 3.8.4.3 布尔代数运算法则

布尔代数中的变量只有 0 和 1 两种取值，它所代表的是某个事件存在与否或真与假的一种状态，而并不表示变量在数量上的差别。布尔代数中有“与”（·，∩）、“或”（+，∪）、“非”三种基本运算。布尔代数的运算满足以下几种运算法则。

（1）幂等法则：$A+A=A$；$A\cdot A=A$

（2）交换法则：A+B=B+A；A·B=B·A

（3）吸收法则：A+A·B=A；A·（A+B）=A

（4）零一法则：A+1=1；A·0=0

（5）同一法则：A+0=A；A·1=A

（6）互补法则：$A+\overline{A}=1$；$A\cdot\overline{A}=0$

（7）对合法则：$\overline{\overline{A}}=A$

（8）结合法则：A+(B+C)=(A+B)+C；A·(B·C)=(A·B)·C

（9）分配法则：A+(B·C)=(A+B)·(A+C)；A·(B+C)=(A·B)+(A·C)；(A+B)·(C+D)=A·C+A·D+B·C+B·D

（10）德·摩根法则：$\overline{A+B}=\overline{A}\cdot\overline{B}$；$\overline{A\cdot B}=\overline{A}+\overline{B}$

3.8.4.4 布尔代数化简

布尔代数式是一种结构函数式，必须将它化简方能进行判断推理。化简的方法就是反复运用布尔代数法则，化简的程序是：（1）代数式如有括号应先去括号将函数展开；（2）利用幂等法则，归纳相同的项；（3）充分利用吸收法则进行化简。

### 3.8.5 事故树定性分析

通常利用最小割集和最小径集进行事故树的分析，确定顶事件发生的事故模式、原因及其对顶事件的影响程度，为经济有效地采取预防对策和控制措施，防止同类事故发生提供科学依据。

3.8.5.1 最小割集

A 最小割集的概念

割集是指事故树某些基本事件构成的集合，且当集合中的事件都发生时，顶事件必然发生。最小割集是指如果某个割集中任意去掉一个基本事件就不再是割集，则称该割集为最小割集。

B 最小割集的求法

最小割集的求法有多种，常用布尔代数化简法和行列法来求最小割集。

a 布尔代数化简法

布尔代数化简法也称逻辑化简法，其方法是根据布尔代数运算法则来进行的，事故树经过化简得到若干交集的并集，每个交集即一个最小割集。

**例 3-9** 利用布尔代数化简法，求图 3-16 所示的事故树的最小割集。

**解：**

$$
\begin{aligned}
T &= A_1 + A_2 \\
&= (x_1A_3x_2) + (x_4A_4) \\
&= x_1(x_1 + x_3)x_2 + x_4(A_5 + x_6) \\
&= x_1x_1x_2 + x_1x_2x_3 + x_4(x_4x_5 + x_6) \\
&= x_1x_2 + x_1x_2x_3 + x_4x_5 + x_4x_6 \\
&= x_1x_2 + x_4x_5 + x_4x_6
\end{aligned}
$$

故得最小割集为：$K_1=\{x_1, x_2\}$；$K_2=\{x_4, x_5\}$；$K_3=\{x_4, x_6\}$。

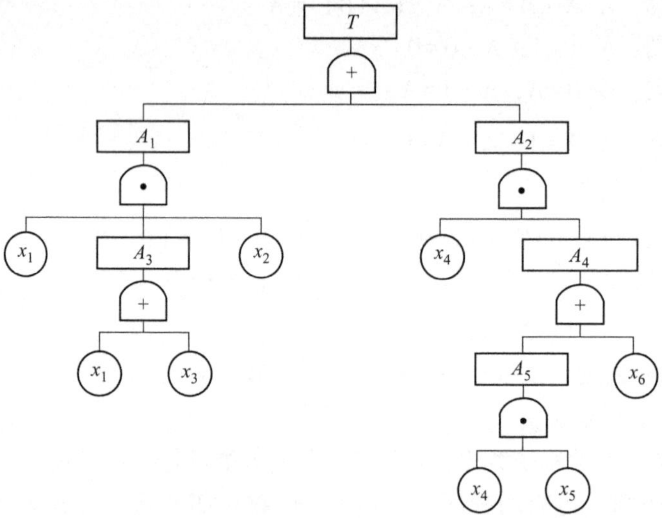


图 3-16　事故树示意图

b　行列法求最小割集

行列法的理论依据是：与门使割集的大小（割集内包含的基本事件的数量）增加，而不增加割集的数量；或门使割集的数量增加，而不增加割集的大小（不增加割集内的基本事件数目）。

求取最小割集时，首先从顶事件开始，用下一层事件代替上一层事件，把与门连接的事件横向列出，把或门连接的事件纵向排开，这样逐层向下，直到各基本事件，列出若干行，最后再用布尔代数化简，其结果就为最小割集。

**例 3-10**　以图 3-16 为例，用行列法求最小割集。

**解**：按图 3-17 计算行列式。

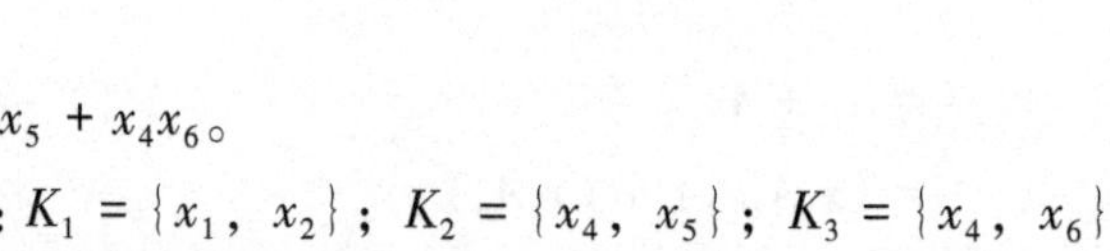


图 3-17　行列式的计算

得：$T=x_1x_2+x_4x_5+x_4x_6$。

故得最小割集为：$K_1=\{x_1, x_2\}$；$K_2=\{x_4, x_5\}$；$K_3=\{x_4, x_6\}$。

可利用最小割集将事故树表达成一个包含 3 层事件（顶事件、最小割集所代表的中间事件、基本事件）的等效树。其中，顶事件与最小割集所代表的中间事件（最小割集所包含的基本事件同时发生）用或门连接，最小割集与其中所包含的基本事件用与门连接。对图 3-16 所示的事故树，其用最小割集表示的等效树如图 3-18 所示。

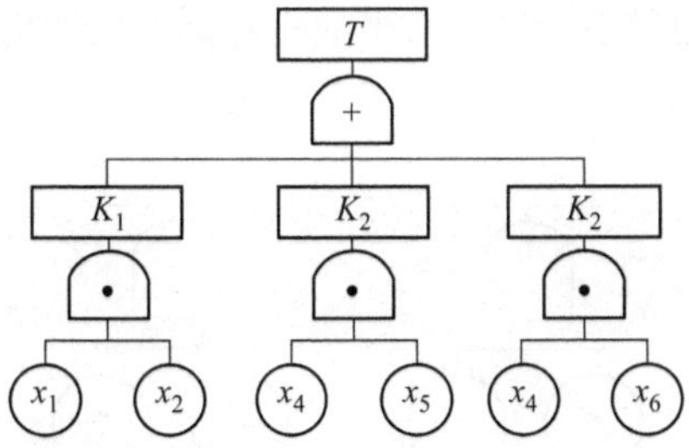


图 3-18 用最小割集表示的图 3-16 所示事故树的等效树

C 最小割集在事故树分析中的作用

最小割集在事故树分析中起着非常重要的作用，归纳起来有以下 4 个方面：

（1）表示系统的危险性。每一个最小割集都表示顶事件发生的一种可能，事故树中有几个最小割集，顶事件发生就有几种可能。从这个意义上讲，最小割集越多，说明系统的危险性越大。

（2）表示顶事件发生的原因组合。事故树顶事件发生，必然是某个最小割集中基本事件同时发生的结果，一旦发生事故，就可以方便地了解所有可能发生事故的途径，并可以逐步排除本次事故的最小割集，而较快的查出本次事故的最小割集，这就是导致本次事故基本事件的组合。显而易见，掌握了最小割集，对于掌握事故的发生规律，调查事故发生的原因有很大的帮助。

（3）为降低系统的危险性提出控制方向和预防措施。每个最小割集都代表了一种事故模式。有事故树的最小割集可以直观地判断哪种事故模式最危险，哪种次危险，哪种可以忽略，以及如何采取措施使事故发生概率下降。

若事故树中有 3 个最小割集 $K_1 = \{x_1\}$；$\{x_2, x_3\}$；$\{x_4, x_5, x_6, x_7, x_8\}$。如果不考虑各基本事件发生的概率，或者假定各基本事件发生的概率相同，含有两个基本事件的最小割集比含有 5 个基本事件的最小割集容易发生。依此类推，少事件的最小割集比多事件的最小割集容易发生。假定各基本事件发生的概率相同，则两个基本事件组成的最小割集发生的概率比一个基本事件组成的最小割集发生的概率小得多，而 5 个基本事件组成的最小割集发生的概率更小，相比之下甚至可以忽略。由此可见，为了降低系统的危险性，对含基本事件少的最小割集应优先考虑采取安全措施。

（4）利用最小割集可以判定事故树中基本事件的结构重要度和方便的计算顶事件发生的概率。

3.8.5.2 最小径集

A 最小径集的概念

径集是指事故树某些基本事件的集合，当这些基本事件都不发生时，顶事件必不发生。最小径集是指如果在某个径集中任意去掉一个基本事件，它就不再是径集，则称这个径集为最小径集。

B 最小径集的求法

求最小径集可以利用它与最小割集的对偶性。根据布尔代数的对偶法则，首先作出与事故树对偶的成功树。也就是把原来事故树的与门换成或门，或门换成与门，各类事件发生换成不发生，然后利用上面介绍的方法即行列法或布尔代数化简法，求出成功树的最小割集，即可得到对应原事故树的最小径集。与事故树对偶的成功树的转换关系如图 3-19 所示。

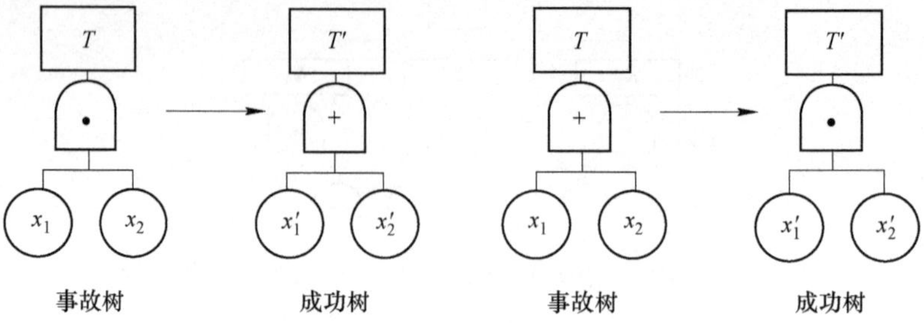


图 3-19 与事故树对偶的成功树的转换关系

**例 3-11** 仍以图 3-16 事故树为例，用布尔代数化简法求其成功树的最小割集。图 3-20 为原事故树的成功树，图中用 $T'$、$A_1'$、$A_2'$、…、$A_5'$、$x_1'$、$x_2'$、…、$x_6'$表示事件 $T$、$A_1$、$A_2$、…、$A_5$、$x_1$、$x_2$、…、$x_6$ 的补事件，即成功事件。事故树是以事故作为顶事件进行分析的，如果以成功事件作为顶事件，即可将事故树改为另一种形式，称为成功树。

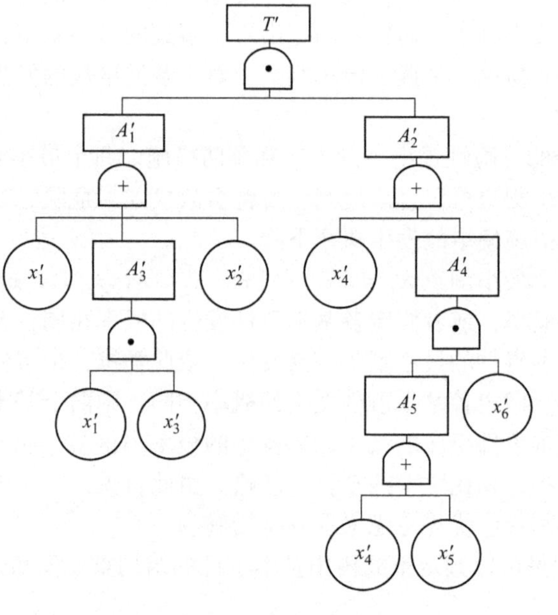


图 3-20 图 3-16 事故树的成功树

利用布尔代数法对图 3-20 所示的成功树进行化简得到：

$$
\begin{aligned}
T' &= A_1'A_2' \\
&= (x_1' + A_3' + x_2') \cdot (x_4' + A_4') \\
&= (x_1' + x_1'x_3' + x_2') \cdot (x_4' + A_5'x_6') \\
&= (x_1' + x_1'x_3' + x_2') \cdot [x_4' + (x_4' + x_5') \cdot x_6'] \\
&= (x_1' + x_2') \cdot (x_4' + x_5'x_6') \\
&= x_1'x_4' + x_2'x_4' + x_1'x_5'x_6' + x_2'x_5'x_6'
\end{aligned}
$$

由此得到成功树的4个最小割集，再经反对偶变换即得到原事故树的4个最小径集。即$\{x_1, x_4\}$，$\{x_2, x_4\}\{x_1, x_5, x_6\}\{x_2, x_5, x_6\}$。如果将成功树经布尔代数化简的结果再变换为事故树，则：

$$T=(x_1+x_4)\cdot(x_2+x_4)\cdot(x_1+x_5+x_6)\cdot(x_2+x_5+x_6)$$

这样，就形成了4个并集的交集。同样可用最小径集表示事故树，其中$P_1$、$P_2$、$P_3$、$P_4$分别表示4个最小径集，如图3-21所示。

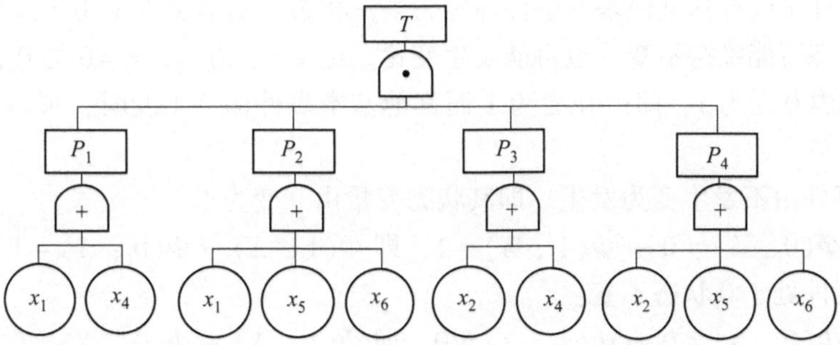


图3-21 图3-16事故树的等效树（用最小径集表示）

C 最小径集在事故树分析中的作用

最小径集在事故树分析中的作用与最小割集同样重要，主要表现在以下3个方面：

（1）表示系统的安全性。最小径集表明，一个最小径集中所包含的基本事件都不发生，就可防止顶事件发生。由此可见，每一个最小径集都指示出顶事件不发生的条件，是采取预防措施，防止发生事故的一种途径。最小径集越多，防止事故的途径也越多。从这个意义上说，最小径集表示了系统的安全性。

（2）根据最小径集可选取确保系统安全的最佳方案。每个最小径集都指示了防止顶事件发生的一个方案，可以根据最小径集中所包含的基本事件个数的多少、技术上的难易程度、耗费的时间以及投入的资金数量，来选择最经济、有效的控制事故的方案。

（3）利用最小径集可以判定事故树中基本事件的结构重要度和方便的计算顶事件发生的概率。在事故树分析中，有时应用最小径集更为方便。一般说来，如果事故树中与门多，则其最小割集的数量就少，定性分析最好从最小割集入手；反之，如果事故树中或门多，则其最小径集的数量就少，此时定性分析最好从最小径集入手，从而可使分析过程得以简化。

3.8.5.3 结构重要度分析

A 事故树的结构函数

结构函数是用来描述系统状态的函数。若事故树有$n$个相互独立的基本事件，可定义事件状态函数$X=(x_1, x_2, \cdots, x_n)$，其中$x_i$为第$i$个基本事件的状态变量。

$$x_i=\begin{cases}1 & \text{表示事件}\ i\ \text{发生}(i=1, 2, \cdots, n)\\ 0 & \text{表示事件}\ i\ \text{不发生}(i=1, 2, \cdots, n)\end{cases}$$

顶事件的状态就取决于各基本事件的状态，即$y$是$X$的函数：

$$y=\Phi(X) \quad 或 \quad y=\Phi(x_1, x_2, \cdots, x_n)$$

$\Phi(X)$ 称为事故树的结构函数。$y=1$表示顶事件发生；$y=0$表示顶事件不发生。

B 结构重要度分析

结构重要度是从结构上分析各个基本事件对顶事件发生所产生的影响程度，即不考虑基本事件自身的发生概率，或者说假定各基本事件的发生概率相等。

结构重要度分析可采用两种方法。一种是求出结构重要度系数，另一种是利用最小割集或最小径集判断重要度，排出次序。

a 求结构重要度系数

当基本事件 $x_i$以外的其他基本事件固定为某一状态，基本事件 $x_i$由不发生转变为发生时，顶事件状态可能维持不变，也可能发生变化。记 $x_i=1$ 为 $1_i$，$x_i=0$ 为 $0_i$，在某个基本事件 $x_i$的状态由 0 变为 1，即由 $0_i$变为 $1_i$而其他基本事件保持不变时，顶事件的状态有 3 种可能：

（1）顶事件由不发生变为发生，即其状态变量由 0 变为 1：

$$\Phi(0_i, X)=0 \rightarrow \Phi(1_i, X)=1,\ \text{即}\ \Phi(1_i, X)-\Phi(0_i, X)=1$$

（2）顶事件处于 0 状态不变：

$$\Phi(0_i, X)=0 \rightarrow \Phi(1_i, X)=0,\ \text{即}\ \Phi(1_i, X)-\Phi(0_i, X)=0$$

（3）顶事件处于 1 状态不变：

$$\Phi(0_i, X)=1 \rightarrow \Phi(1_i, X)=1,\ \text{即}\ \Phi(1_i, X)-\Phi(0_i, X)=0$$

在以上 3 种情况中只有情况（1）表明 $x_i$的状态变化对顶事件产生了影响。考虑基本事件 $x_i$的状态由 0 变为 1，而其他基本事件的状态保持不变的所有可能，情况（1）出现的越多说明 $x_i$的状态对顶事件是否发生所起的作用越重要。显然，对一个包含 $n$ 个基本事件的事故树，除去 $x_i$后，还有 $n-1$ 个基本事件，这 $n-1$ 个基本事件共有 $2^{n-1}$种可能的状态组合（$X_j$，$j=1, 2, \cdots, 2^{n-1}$）。对应这 $2^{n-1}$种组合状态，假设其中有 $m_i$种当 $x_i$由 0 变为 1 时，顶事件的状态由 0 变为 1，则定义基本事件 $x_i$的结构重要度系数为：

$$I_\Phi(i)=\frac{m_i}{2^{n-1}}=\frac{1}{2^{n-1}}\sum_{j=1}^{2^{n-1}}[\Phi(1_i, X_j)-\Phi(0_i, X_j)] \tag{3-7}$$

**例 3-12** 事故树如图 3-22 所示，求出各基本事件的结构重要度系数。

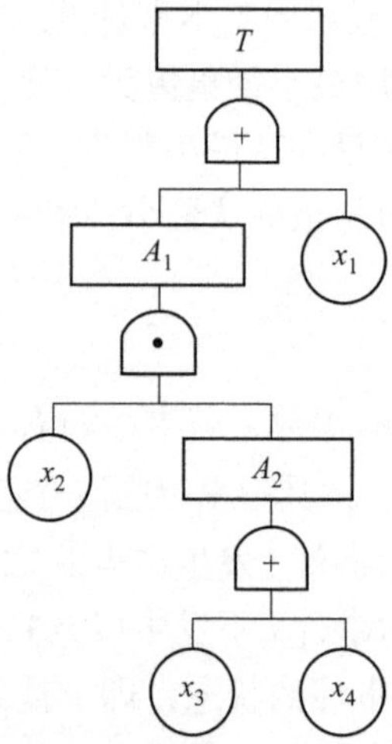


图 3-22 事故树示意图

**解**：首先考虑基本事件 $x_1$。除 $x_1$外该事故树还有 3 个基本事件，这 3 个事件的状态共有 8 种组合，可根据事故树图或事故树的结构函数确定顶事件的状态，见表 3-20。

**表 3-20 基本事件与顶事件状态值**

| $x_1$ | $x_2$ | $x_3$ | $x_4$ | $\Phi(X)$ | $x_1$ | $x_2$ | $x_3$ | $x_4$ | $\Phi(X)$ |
|---|---|---|---|---|---|---|---|---|---|
| 0 | 0 | 0 | 0 | 0 | 1 | 0 | 0 | 0 | 1 |
| 0 | 0 | 0 | 1 | 0 | 1 | 0 | 0 | 1 | 1 |
| 0 | 0 | 1 | 0 | 0 | 1 | 0 | 1 | 0 | 1 |
| 0 | 0 | 1 | 1 | 0 | 1 | 0 | 1 | 1 | 1 |
| 0 | 1 | 0 | 0 | 0 | 1 | 1 | 0 | 0 | 1 |
| 0 | 1 | 0 | 1 | 1 | 1 | 1 | 0 | 1 | 1 |
| 0 | 1 | 1 | 0 | 1 | 1 | 1 | 1 | 0 | 1 |
| 0 | 1 | 1 | 1 | 1 | 1 | 1 | 1 | 1 | 1 |

由表 3-20 可以看出，在 $x_2$，$x_3$，$x_4$的 8 种组合状态中，有 5 种当 $x_1$由 0 变为 1 时顶事件状态由 0 变 1，即 $m_1=5$，代入式（3-7）可得：$I_\Phi(1)=5/8$。

同理可得，$I_\Phi(2)=3/8$；$I_\Phi(3)=1/8$；$I_\Phi(4)=1/8$。

根据计算结果，可得到基本事件结构重要度排序如下：

$$I_\Phi(1) > I_\Phi(2) > I_\Phi(3)=I_\Phi(4)$$

即仅从基本事件在事故树结构中所占的位置来分析，$x_1$最为重要，其次是 $x_2$，再次是 $x_3$和 $x_4$。

b 利用最小割集或最小径集进行结构重要度排序

采用此法时，可遵循以下原则处理：

（1）如单个事件即可构成最小割（径）集，则该基本事件结构重要度最大。

（2）在同一最小割（径）集中出现且在其他最小割（径）集中不再出现的基本事件，结构重要度相同。

（3）若最小割（径）集中包含的基本事件数目相等，则累计出现次数多的基本事件结构重要度大，出现次数相等的结构重要度相等。

（4）几个基本事件在不同最小割（径）集中重复出现的次数相等。则在少事件的最小割（径）集中出现的事件结构重要度大。

**例 3-13** 某事故树的最小割集为 $K_1=\{x_1, x_5, x_7, x_8\}$；$K_2=\{x_1, x_6, x_7, x_8\}$；$K_3=\{x_2, x_4, x_5, x_7\}$；$K_4=\{x_2, x_6, x_7, x_8\}$。试求各基本事件的结构重要度。

**解**：因在 4 个最小割集中，每个割集的基本事件数相等，故可根据“原则（3）”判定得：

$$I_\Phi(7) > I_\Phi(8) > I_\Phi(1)=I_\Phi(2)=I_\Phi(5)=I_\Phi(6) > I_\Phi(4)$$

**例 3-14** 某事故树的最小割集为：$K_1=\{x_5, x_6, x_7, x_8\}$；$K_2=\{x_3, x_4\}$；$K_3=\{x_1\}$；$K_4=\{x_2\}$。试确定其结构重要度。

**解**：依据原则“（1）”，由于在 $K_3$、$K_4$中仅有一个基本事件，所以其结构重要度最大；其次 $x_3$、$x_4$所在割集为两个事件，所以居第二，以此类推，可排出各基本事件的结构重要度顺序为：

$$I_\Phi(1)=I_\Phi(2)>I_\Phi(3)=I_\Phi(4)>I_\Phi(5)=I_\Phi(6)=I_\Phi(7)=I_\Phi(8)$$

c　简易算法

（1）近似计算式一：

$$I_\Phi(i)=\sum_{x_i\in K_j}\frac{1}{n_j} \tag{3-8}$$

式中　$K_j$——含有基本事件 $i$ 的最小割集；

$n_j$——$K_j$ 中的基本事件数。

（2）近似计算式二：

$$I_\Phi(i)=\frac{1}{N}\sum_{x_i\in K_j}\frac{1}{n_j} \tag{3-9}$$

式中　$N$——最小割集总数；

$K_j$——含有基本事件 $i$ 的最小割集；

$n_j$——$K_j$ 中的基本事件数。

（3）近似计算式三：

$$I_\Phi(i)=\sum_{x_i\in K_j}\frac{1}{2^{(n_j-1)}} \tag{3-10}$$

式中　$K_j$——含有基本事件 $i$ 的最小割集；

$n_j$——$K_j$ 中的基本事件数。

（4）近似计算式四：

$$I_\Phi(i)=1-\prod_{x_i\in K_j}\left(1-\frac{1}{2^{(n_j-1)}}\right) \tag{3-11}$$

式中　$K_j$——含有基本事件 $i$ 的最小割集；

$n_j$——$K_j$ 中的基本事件数。

**例 3-15**　某一事故树的最小割集 $K_1=\{x_1,x_2\}$；$K_2=\{x_3,x_4,x_5\}$；$K_3=\{x_3,x_4,x_6\}$；用式（3-8）~式（3-11）4 个近似公式求 $I_\Phi(i)$。

**解**：用式（3-8）计算：

已知包含 $x_1$ 的割集只有 1 个，$K_1$ 中有 2 个基本事件，则

$$I_\Phi(1)=\frac{1}{2}$$

同理可得：$I_\Phi(2)=\frac{1}{2}$，$I_\Phi(3)=I_\Phi(4)=\frac{2}{3}$，$I_\Phi(5)=I_\Phi(6)=\frac{1}{3}$

故　$$I_\Phi(3)=I_\Phi(4)>I_\Phi(1)=I_\Phi(2)>I_\Phi(5)=I_\Phi(6)$$

用式（3-9）计算：

已知 $N=3$，包含 $x_1$ 的割集只有 1 个，$K_1$ 中有 2 个基本事件，则

$$I_\Phi(1)=\frac{1}{3}\times\frac{1}{2}=\frac{1}{6}$$

同理可得：$I_\Phi(2)=\frac{1}{6}$，$I_\Phi(3)=I_\Phi(4)=\frac{2}{9}$，$I_\Phi(5)=I_\Phi(6)=\frac{1}{9}$。

故 $$I_\Phi(3)=I_\Phi(4)>I_\Phi(1)=I_\Phi(2)>I_\Phi(5)=I_\Phi(6)$$

用式（3-10）计算：

已知包含 $x_1$ 的割集只有 1 个，$K_1$ 中有 2 个基本事件，则

$$I_\Phi(1)=\frac{1}{2^{(2-1)}}=\frac{1}{2}$$

同理可得：$I_\Phi(2)=I_\Phi(3)=I_\Phi(4)=\frac{1}{2}$，$I_\Phi(5)=I_\Phi(6)=\frac{1}{4}$

故 $$I_\Phi(1)=I_\Phi(2)=I_\Phi(3)=I_\Phi(4)>I_\Phi(5)=I_\Phi(6)$$

用式（3-11）计算：

已知包含 $x_1$ 的割集只有 1 个，$K_1$ 中有 2 个基本事件，则

$$I_\Phi(1)=1-\left(1-\frac{1}{2^{(2-1)}}\right)=\frac{1}{2}$$

同理可得：$I_\Phi(2)=\frac{1}{2}$，$I_\Phi(3)=\frac{7}{16}$，$I_\Phi(4)=\frac{7}{16}$，$I_\Phi(5)=\frac{1}{4}$，$I_\Phi(6)=\frac{1}{4}$

故 $$I_\Phi(1)=I_\Phi(2)>I_\Phi(3)=I_\Phi(4)>I_\Phi(5)=I_\Phi(6)$$

### 3.8.6 事故树定量分析

事故树的定量分析，是在已知各基本事件发生概率的前提条件下，定量地计算出在一定时间内发生事故的可能性大小。若各基本事件是独立事件，就可以计算出顶事件的发生概率。若计算出顶事件的发生概率为 1，则可判断顶事件发生的可能程度为“必然发生”；顶事件的发生概率为 $1\times10^{-1}$，则属“非常容易发生”；顶事件的发生概率为 $1\times10^{-2}$，则属“容易发生”；顶事件的发生概率为 $1\times10^{-3}$，则属“较常发生”；顶事件的发生概率为 $1\times10^{-4}$，则属“不易发生”；顶事件的发生概率为 $1\times10^{-5}$，则属“难以发生”；顶事件的发生概率为 $1\times10^{-6}$，则属“极难发生”；顶事件的发生概率为 0，则属“不可能发生”。

#### 3.8.6.1 事故树顶事件发生概率计算

A 逐级向上推算法（只适用于事故树中基本事件没有重复的情况）

（1）当各基本事件均是独立事件时，凡是与门连接的地方，可用几个独立事件逻辑积的概率计算公式计算：

$$P(T)=\prod_{i=1}^{n} q_i \tag{3-12}$$

式中 $\prod$ ——数学运算符号，表示逻辑积（乘）；

$P(T)$ ——顶事件的发生概率；

$q_i$——基本事件 $i$ 的发生概率。

（2）当各基本事件均是独立事件时，凡是或门连接的地方，可用几个独立事件的逻辑和的概率计算公式计算：

$$P(T)=\coprod_{i=1}^{n} q_i=1-\prod_{i=1}^{n}(1-q_i) \tag{3-13}$$

式中 $\coprod$——数学运算符号，表示逻辑和；

$P(T)$ ——顶事件的发生概率；

$q_i$——基本事件 $i$ 的发生概率。

按照给定的事故树写出其结构函数表达式，根据表达式中各基本事件的逻辑关系，可直接计算出顶事件的发生概率。

B 利用最小割集计算顶事件的发生概率

a 各最小割集中没有重复的基本事件

假定事故树有 $r$ 个最小割集 $K_j$ ($j=1,2,\cdots,r$)，根据用最小割集表示的等效树，可以写出事故树的结构函数为

$$\Phi(x)=\coprod_{j=1}^{r}K_j(x_i)=\coprod_{j=1}^{r}\prod_{x_i\in K_j}x_i \tag{3-14}$$

当各最小割集中没有重复的基本事件，且各基本事件相互独立时，则顶事件的发生概率为

$$P(T)=\coprod_{j=1}^{r}\prod_{x_i\in K_j}q_i \tag{3-15}$$

**例 3-16** 设某事故树有 3 个最小割集：$K_1=\{x_1, x_2\}$，$K_2=\{x_3, x_4, x_5\}$；$K_3=\{x_6, x_7\}$。各基本事件的发生概率分别为 $q_1$，$q_2$，$q_3$，…，$q_7$，求顶事件的发生概率。

**解**：根据事故树的 3 个最小割集，可以得到用最小割集表示的等效事故树，如图3-23所示。

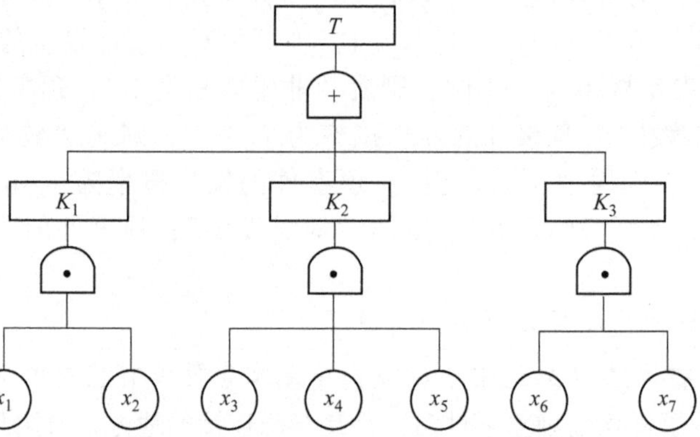


图 3-23 用最小割集表示的等效事故树

3 个最小割集的概率，可由各个最小割集所包含的基本事件的逻辑积分别求出：

$q_{K_1}=q_1q_2$，$q_{K_2}=q_3q_4q_5$，$q_{K_3}=q_6q_7$。顶事件的发生概率，即求所有最小割集的逻辑和，得：

$P(T)=1-(1-q_{K_1})(1-q_{K_2})(1-q_{K_3})=1-(1-q_1q_2)(1-q_3q_4q_5)(1-q_6q_7)$

利用式（3-15）计算事故树顶事件的发生概率，要求各最小割集中没有重复的基本事件，也就是各最小割集之间是完全不相交的。若事故树各最小割集中有重复的基本事件，则式（3-15）不成立。

b 各最小割集中有重复的基本事件

如果事故树的各最小割集中有重复事件，则式（3-15）不能成立。这时需将式（3-15）

展开，根据布尔代数的幂等法则消去每个概率因子中的重复因子，方可得到正确的结果。

计算各最小割集彼此有重复事件的一般公式为：

$$P(T)=\sum_{j=1}^{r}\prod_{x_i\in K_j}q_i-\sum_{1\leqslant j<h\leqslant r}^{r}\left(\prod_{x_i\in K_j\cup K_h}q_i\right)+\cdots+(-1)^{r-1}\prod_{x_i\in K_1\cup K_2\cup\cdots K_r}q_i \tag{3-16}$$

式中 $r$——最小割集的个数；

$i$——基本事件的序数；

$j$，$h$——最小割集的序数。

**例 3-17** 某事故树共有 3 个最小割集，分别为：$K_1=\{x_1, x_2\}$，$K_2=\{x_2, x_3, x_4\}$；$K_3=\{x_2, x_5\}$。各基本事件的发生概率分别为 $q_1$，$q_2$，$q_3$，$q_4$，$q_5$，求顶事件的发生概率。

**解**：该事故树的结构函数式为：

$$\Phi(x)=K_1+K_2+K_3=x_1x_2+x_2x_3x_4+x_2x_5$$

顶事件的发生概率则为：

$$\begin{aligned}P(T)&=(q_{K_1}+q_{K_2}+q_{K_3})-(q_{K_1}q_{K_2}+q_{K_1}q_{K_3}+q_{K_2}q_{K_3})+q_{K_1}q_{K_2}q_{K_3}\\&=(q_1q_2+q_2q_3q_4+q_2q_5)-(q_1q_2q_3q_4+q_1q_2q_5+\\&\quad q_2q_3q_4q_5)+q_1q_2q_3q_4q_5\end{aligned}$$

C 利用最小径集计算顶事件的发生概率

a 各最小径集中没有重复的基本事件

如果各最小径集中彼此没有重复的基本事件，则可以先求出各个最小径集的概率，即最小径集中所包含的基本事件的并集（逻辑或）的概率，然后求所有最小径集的交集（逻辑与）的概率，即得顶事件的发生概率。故可按式（3-17）进行计算：

$$P(T)=\prod_{j=1}^{s}\coprod_{x_i\in P_j}q_i=\prod_{j=1}^{s}\left[1-\prod_{x_i\in P_j}(1-q_i)\right] \tag{3-17}$$

式中 $s$——最小径集个数；

$i$——基本事件序数；

$j$，$h$——最小径集的序数。

**例 3-18** 假设某事故树有 3 个最小径集，分别为：$P_1=\{x_1, x_2\}$，$P_2=\{x_3, x_4, x_5\}$；$P_3=\{x_6, x_7\}$。各基本事件的发生概率分别为 $q_1$，$q_2$，$q_3$，…，$q_7$，求顶事件的发生概率。

**解**：根据事故树的 3 个最小径集，作出用最小径集表示的等效图，如图 3-24 所示。

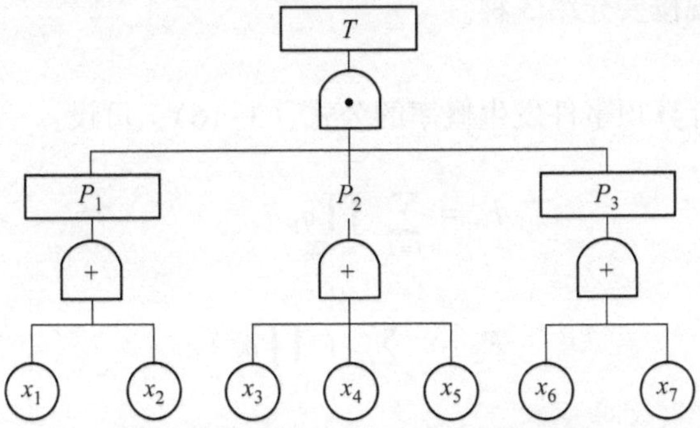


图 3-24 用最小径集表示的等效图

顶事件的发生概率，即求所有最小径集的逻辑与，得：

$$P(T) = [1 - (1 - q_1)(1 - q_2)][1 - (1 - q_3)(1 - q_4)(1 - q_5)][1 - (1 - q_6)(1 - q_7)]$$

用式（3-17）计算任意一个事故树顶事件的发生概率时，要求各最小径集中没有重复的基本事件，也就是最小径集之间是完全不相交的。如果事故树中各最小径集中彼此有重复的基本事件，则式（3-17）不成立。

b　各最小径集中有重复的基本事件

如果事故树中各最小径集中彼此有重复的基本事件，则需要将式（3-17）展开，消去概率积中基本事件 $x_i$ 不发生概率（$1-q_i$）的重复基本事件，即得：

$$P(T) = 1 - \sum_{j=1}^{s} \prod_{x_i \in P_j} (1 - q_i) + \sum_{1 \leqslant j < h \leqslant s} \prod_{x_i \in P_j \cup P_h} (1 - q_i) - \cdots + (-1)^s \prod_{x_i \in P_1 \cup P_2 \cup \cdots \cup P_s} (1 - q_i) \tag{3-18}$$

**例 3-19**　假设某事故树共有 3 个最小径集，分别为：$P_1 = \{x_1, x_2\}$，$P_2 = \{x_2, x_3\}$；$P_3 = \{x_2, x_4\}$。各基本事件的发生概率分别为 $q_1$、$q_2$、$q_3$、$q_4$，求顶事件的发生概率。

**解**：根据题意，可写出其结构函数式为：

$$\Phi(x) = P_1P_2P_3 = (x_1 + x_2)(x_2 + x_3)(x_2 + x_4)$$

顶事件的发生概率为：

$$\begin{aligned} P(T) = 1 - &[(1 - q_1)(1 - q_2) + (1 - q_2)(1 - q_3) + (1 - q_2)(1 - q_4)] + \\ &[(1 - q_1)(1 - q_2)(1 - q_3) + (1 - q_1)(1 - q_2)(1 - q_4) + (1 - q_2) \\ &(1 - q_3)(1 - q_4)] - (1 - q_1)(1 - q_2)(1 - q_3)(1 - q_4) \end{aligned}$$

D　近似计算法

在进行事故树分析时，往往会遇到很复杂、很庞大的事故树，有时一棵事故树会牵扯成百上千个基本事件，这时要精确求出顶事件的发生概率，需要花费相当大的人力和物力。但在许多工程问题中，这种精确计算是不必要的，这是因为统计得到的基本数据往往不是很精确。因此，需要找出一种简便方法，它既能保证必要的精确度，又能较为方便地算出结果。实际计算中多采用近似计算法。

近似计算法是根据最小割集计算顶事件发生概率的公式得到的。一般情况下，可以假定所有基本事件都是独立统计的，因而每个最小割集也是独立统计的。顶事件发生概率的近似算法有很多种，现概要介绍 3 种。

a　首项近似法

根据由最小割集计算顶事件发生概率的公式（3-16），可设：

$$F_1 = \sum_{j=1}^{r} \prod_{x_i \in K_j} q_i$$

$$F_2 = \sum_{1 \leqslant j < h \leqslant r}^{r} \left( \prod_{x_i \in K_j \cup K_h} q_i \right)$$

$$F_r = \prod_{x_i \in K_1 \cup K_2 \cup \cdots \cup K_r} q_i = \prod_{i=1}^{n} q_i$$

式中，$n$ 为事故树的基本事件个数。

则式（3-16）可改写为：

$$P(T) = F_1 - F_2 + \cdots + (-1)^{r-1} F_r$$

一般说来，由于 $F_1 \gg F_2$，$F_2 \gg F_3$，…，所以，求出第一项 $F_1$，就可近似地认为是顶事件的发生概率，即

$$P(T) \approx F_1 = \sum_{j=1}^{r} \prod_{x_i \in K_j} q_i \tag{3-19}$$

b 求近似区间

用上述方法时，若还想更精确些，则可继续求出 $F_2$，$F_3$，…，直到认为已达到了所要求的精度为止。

根据由最小割集计算顶事件发生概率的公式（3-16），也可得出如下不等式：

$$P(T) < F_1$$

$$P(T) > F_1 - F_2$$

$$P(T) < F_1 - F_2 + F_3$$

$$\vdots$$

由此可见，$F_1$，$F_1-F_2$，$F_1-F_2+F_3$顺序地给出了顶事件 $P$（$T$）发生概率的上限和下限，因此，顶事件发生的概率可近似地表示为：

$$F_1 > P(T) > F_1 - F_2$$

$$P(T) \approx F_1 - \frac{1}{2} F_2$$

$$\vdots \tag{3-20}$$

当然，所求的项数越多，则越逼近顶事件发生概率的精确值，也就逐次得到任意精度的近似区间，即

$$F_1 - F_2 < P(T) < F_1 - F_2 + F_3$$

$$\vdots$$

这样，随着计算项数的增加，而得到由两条逐渐逼近精确值并最后交于精确值的曲线，如图 3-25 所示，其中横坐标表示计算项数，纵坐标表示概率。

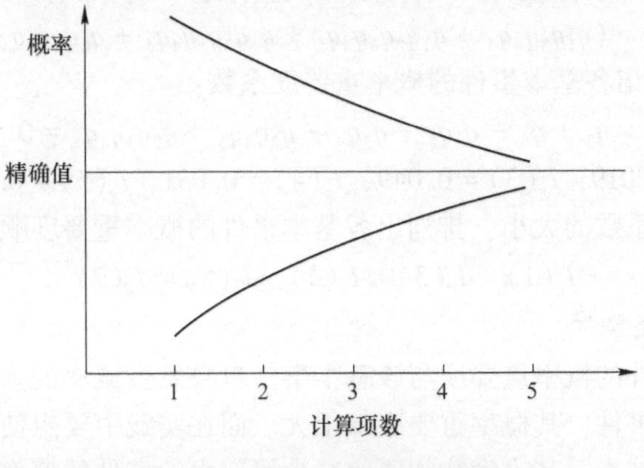


图 3-25 顶事件发生概率的范围

c 独立近似法

这种近似算法是基于把事故树各最小割（径）集间相同的基本事件视为不相同的基本事件，即认为各最小割集是相互独立的。其计算公式为：

$$P(T) \approx \sum_{j=1}^{r} \prod_{x_i \in K_j} q_i \tag{3-21}$$

$$P(T) \approx \prod_{j=1}^{s} \coprod_{x_i \in P_j} q_i \tag{3-22}$$

3.8.6.2 概率重要度

3.8.5.3 节已经介绍了基本事件结构重要度的概念，它主要是从事故树的结构上分析各基本事件的重要程度。如果考虑各基本事件发生概率的变化给顶事件概率带来的影响，就必须研究基本事件的概率重要度。

基本事件的概率重要度是指顶事件发生概率对该基本事件发生概率的变化率，即

$$I_g(i) = \frac{\partial P(T)}{\partial q_i} \tag{3-23}$$

式中 $I_g(i)$ ——基本事件 $i$ 的概率重要度系数；

$P(T)$ ——顶事件发生概率；

$q_i$——基本事件 $i$ 的发生概率。

求出各基本事件的概率重要度后，就可知道，在诸多基本事件中，降低哪个基本事件的发生概率，就可迅速有效地降低顶事件的发生概率。

从式（3-23）可以看出，一个基本事件的概率重要度的大小与它本身发生概率的大小无关，且通常主要取决于它所在的最小割集中的其他事件发生概率的大小。

**例 3-20** 某事故树有 4 个最小割集：$K_1 = \{x_1, x_3\}$，$K_2 = \{x_1, x_5\}$，$K_3 = \{x_3, x_4\}$，$K_4 = \{x_2, x_4, x_5\}$，各基本事件发生概率分别为：$q_1 = 0.01$，$q_2 = 0.02$，$q_3 = 0.03$，$q_4 = 0.04$，$q_5 = 0.05$，试进行概率重要度分析。

**解**：由式（3-16），顶事件发生概率函数 $P(T)$ 为：

$$\begin{aligned} P(T) = &(q_1q_3 + q_1q_5 + q_3q_4 + q_2q_4q_5) - (q_1q_3q_5 + q_1q_3q_4 + \\ &q_1q_2q_3q_4q_5 + q_1q_3q_4q_5 + q_1q_2q_4q_5 + q_2q_3q_4q_5) + \\ &(q_1q_3q_4q_5 + q_1q_2q_3q_4q_5 + q_1q_2q_3q_4q_5 + q_1q_2q_3q_4q_5) - q_1q_2q_3q_4q_5 \end{aligned}$$

由式（3-23）求出各基本事件的概率重要度系数：

$$I_g(1) = q_3 + q_5 - q_3q_5 - q_3q_4 - q_2q_4q_5 + q_2q_3q_4q_5 = 0.0773$$

同理，$I_g(2) = 0.0019$，$I_g(3) = 0.049$，$I_g(4) = 0.031$，$I_g(5) = 0.01$。

根据概率重要度系数的大小，排列出各基本事件的概率重要度顺序为：

$$I_g(1) > I_g(3) > I_g(4) > I_g(5) > I_g(2)$$

3.8.6.3 临界重要度

由于一个基本事件的概率重要度与该基本事件自身发生概率的大小无关。这就会出现一些概率很小的基本事件，其概率重要度却很大。而在实践中要想使概率值已经很小的基本事件的概率进一步减小，其难度往往要比减少概率大的事件的概率要难得多。这就影响

了概率重要度对实际安全工作的指导意义。为弥补概率重要度的这点不足，可采用基本事件发生概率的相对变化率与顶事件发生概率的相对变化率之比来表示基本事件的重要程度。这个比值就是临界重要度，也称关键重要度，其定义为：

$$I_c(i)=\lim_{\Delta q_i\to 0}\left(\frac{\Delta P(T)/P(T)}{\Delta q_i/q_i}\right)=\frac{q_i}{P(T)}\lim_{\Delta q_i\to 0}\left(\frac{\Delta P(T)}{\Delta q_i}\right)$$

$$=\frac{q_i}{P(T)}\frac{\partial P(T)}{\partial q_i}=I_g(i)\cdot\frac{q_i}{P(T)} \tag{3-24}$$

式中　$I_c(i)$ ——第 $i$ 个基本事件的临界重要度系数；

$P(T)$ ——顶事件的发生概率；

$q_i$——基本事件 $i$ 的发生概率；

$I_g(i)$ ——第 $i$ 个基本事件的概率重要度系数。

**例 3-21**　按照［例 3-20］的条件，进行临界重要度分析。

由［例 3-20］可得：

$$I_c(1)=I_g(1)\frac{q_1}{P(T)}=0.0773\times\frac{0.01}{0.002011}=0.3844$$

同理，可求得其他各基本事件的临界重要度系数为：

$$I_c(2)=0.0189,\ I_c(3)=0.7308,\ I_c(4)=0.6165,\ I_c(5)=0.2486$$

各基本事件的临界重要度顺序如下：

$$I_c(3)>I_c(4)>I_c(1)>I_c(5)>I_c(2)$$

对照［例 3-20］与概率重要度相比，基本事件 $x_1$ 的重要性下降了，这是因为它的概率值最小；基本事件 $x_3$ 的重要性提高了，这不仅是因为它对顶事件发生概率影响较大，而且它本身的发生概率值也较 $x_1$ 大。

通过上面的分析，可以看出结构重要度反映事故树结构上基本事件的位置重要度，概率重要度反映基本事件概率的增减对顶事件发生概率的敏感性，而临界重要度则从敏感性和自身发生概率大小双重角度衡量基本事件的重要程度。当进行系统设计或安全分析时，计算各基本事件的重要度系数，按重要度系数大小进行排列，以便安排采取措施的先后顺序，避免盲目性。

## 3.9　系统可靠性分析

可靠性技术是为了分析由于机械零部件的故障或人的差错而使设备或系统丧失原有功能或功能下降的原因而产生的学科。故障（物的不安全状态）和差错（人的不安全行为）不仅会使设备或系统功能下降，而且还是意外事故和灾害发生的原因。在进行定量的系统安全分析时，比如事件树分析或事故树分析，事件的发生概率（包括：事件树起始事件的发生概率、环节事件成功或失败的概率、事故树基本事件的发生概率）一般都需要通过分析相关设备或单元以及人的可靠性来获得。因此，可靠性分析是系统安全定量分析的基础，在安全系统工程中占有很重要的位置。

### 3.9.1 基本概念

3.9.1.1 可靠性和可靠度

可靠性是指系统、设备或元件等在规定的时间内、规定的条件下，完成其规定功能的能力。

其中，“规定条件”包括使用时的环境条件和工作条件。如温度、湿度、振动、冲击、辐射等环境条件，使用时的应力条件、维护方法，贮存时的贮存条件等。

“规定时间”是指产品规定了的任务时间。随着产品任务时间的增加，产品出现故障的概率将增加，而产品的可靠性将下降。因此，谈论产品的可靠性离不开规定的任务时间。

“规定功能”是指产品规定了的必须具备的功能及其技术指标。所要求产品功能的多少和其技术指标的高低，直接影响到产品可靠性指标的高低。

可靠度是指系统、设备或元件等在规定的时间内、规定的条件下，完成其规定功能的概率。可靠性的能力通常以概率来表示，所以通常可靠性也称为可靠度。

3.9.1.2 维修度

维修是为了保持或恢复产品能完成规定功能而采取的技术管理措施，仅适用于可修复产品。

维修度是指系统发生故障后在维修容许时间内完成维修的概率。对于可修复系统（如贵重耐用的产品），发生故障后，通常经过维修后还可正常使用。对于这类系统，是否易于维修对系统实现其功能有重要影响。在确定系统维修度时需考虑的一个关键因素就是维修容许时间，在确定维修容许时间时不但要考虑一次维修所需的时间，还应考虑在系统预期使用周期内的总维修时间。

3.9.1.3 有效度

有效度是指对于可修复系统在规定的使用条件和时间内能够保持正常使用状态的概率。

提高系统的有效度有两个途径：(1) 提高系统的可靠度；(2) 提高系统的维修度。

需要指出的是系统可靠性与系统安全性还是有区别的。从伤亡事故预防的角度来看，系统功能丧失并不意味着一定会导致工伤事故；而系统在正常运转时也并不意味着就不会出事故。因此，如何保证系统安全运行以及如何在系统故障时保证安全都是非常重要的。

### 3.9.2 可靠性特征量

3.9.2.1 可靠度

可靠度是时间 $t$ 的函数，记作 $R(t)$。设 $T$ 为产品寿命的随机变量，则

$$R(t) = P(T > t) \tag{3-25}$$

式（3-25）表示产品的寿命 $T$ 超过规定时间 $t$ 的概率，即产品在规定时间 $t$ 内完成规定功能的概率。根据可靠度的定义，可以得出：$R(0) = 1$，$R(+\infty) = 0$。即开始使用时，所有产品都是好的；只要时间充分大，全部产品都会失效。

对于不可修复的产品，可靠度估计值是指在规定的时间区间（0，$t$）内，能完成规定功能的产品数 $n_s(t)$ 与在该时间区间开始投入工作的产品数 $n$ 之比。

对于可修复的产品，可靠度估计值是指一个或多个产品的无故障工作时间达到或超过规定时间 $t$ 的次数 $n_s(t)$ 与观测时间内无故障工作总次数 $n$ 之比。

因此，不论对可修复产品还是不可修复产品，可靠度估计值的公式相同，即

$$\hat{R}(t) = n_s(t)/n \tag{3-26}$$

#### 3.9.2.2 累积失效概率

累积失效概率是指产品在规定条件下和规定时间内失效的概率，其值等于 $1 - R(t)$。也可以说产品在规定条件和规定时间内完不成规定功能的概率，故也称为不可靠度，它同样是时间的函数，记作 $F(t)$。有时也称为累积失效分布函数（简称失效分布函数）。其表示式为

$$F(t) = P(T \leqslant t) = 1 - P(T > t) = 1 - R(t) \tag{3-27}$$

从上述定义可以得出：$F(0) = 0$，$F(+\infty) = 1$。

累积失效概率的估计值为：

$$\hat{F}(t) = 1 - \hat{R}(t) = \frac{n_f(t)}{n} \tag{3-28}$$

式中，$n_f(t)$ 为时间区间（0，$t$）内的失效产品数（不可修复产品）或故障次数（可修复产品），$n_f(t) = n - n_s(t)$。

#### 3.9.2.3 失效概率密度

失效概率密度是累积失效概率对时间的变化率，记作 $f(t)$。它表示产品在单位时间内失效的概率。其表示式为

$$f(t) = \frac{\mathrm{d}F(t)}{\mathrm{d}t} = F'(t) \tag{3-29}$$

$$F(t) = \int_0^t f(t)\,\mathrm{d}t \tag{3-30}$$

失效概率密度的估计值为

$$\hat{f}(t) = \frac{F(t + \Delta t) - F(t)}{\Delta t} = \left[\frac{n_f(t + \Delta t)}{n} - \frac{n_f(t)}{n}\right]/\Delta t = \frac{1}{n}\frac{\Delta n_f(t)}{\Delta t} \tag{3-31}$$

式中，$\Delta n_f(t)$ 为时间间隔 $(t, t + \Delta t)$ 内的失效产品数。

#### 3.9.2.4 失效率

失效率是指工作到某时刻尚未失效的产品在该时刻后单位时间内发生失效的概率。记作 $\lambda(t)$，称为失效率函数，有时也称为故障率函数。

按上述定义，失效率是指在时刻 $t$ 尚未失效的产品在 $t \sim t+\Delta t$ 的单位时间内发生失效的条件概率，它反映 $t$ 时刻失效的速率，故也称为瞬时失效率。即

$$\lambda(t) = \lim_{\Delta t \to 0} \frac{P(t < T < t + \Delta t)}{P(T > t) \cdot \Delta t} = \lim_{\Delta t \to 0} \frac{F(t + \Delta t) - F(t)}{R(t) \cdot \Delta t}$$

$$= \frac{\mathrm{d}F(t)}{\mathrm{d}t} \cdot \frac{1}{R(t)} = -\frac{R'(t)}{R(t)} \tag{3-32}$$

工程实际中，失效率与时间的关系曲线有各种不同的形状，但典型的失效率曲线呈浴盆状，如图 3-26 所示。从图中可以看出，产品的失效可明显划分为 3 个阶段。

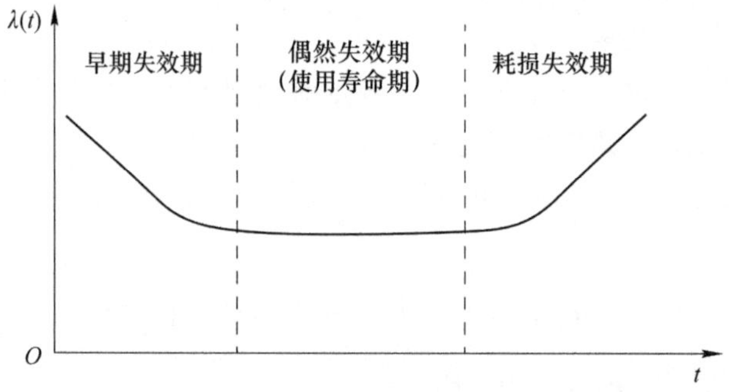


图 3-26 典型的失效率曲线

其中，早期失效期，产品的失效主要由产品的各种质量缺陷造成。解决办法是对原材料和工艺进行严格的控制，同时进行质量检验，剔除早期失效件，使其尽可能不投入使用。

偶然失效期，其故障率降到很低且稳定的状态，其故障率可视为常量。这个时期是零件的正常使用期，在这个时期中发生的故障一般是偶然原因引起的。

耗损失效期，是产品经历上述两个时期的使用后，由不同类型的耗损机理造成的性能退化或老化变质。即当产品使用到一定时间，意味着使用寿命期结束，耗损失效期开始，这时产品失效是迅速上升的。

### 3.9.3 可靠度函数与失效率

由可靠度的定义可以看出，在一定使用条件下，可靠度是时间的函数。设可靠度为 $R(t)$，不可靠度为 $F(t)$，则有

$$R(t) + F(t) = 1 \tag{3-33}$$

对任何一个系统，总会有一个时间 $T$，当 $t > T$ 以后，系统彻底失效，也就是可靠度 $R(t)$ 降低为 0，而不可靠度 $F(t)$ 上升为 1。相应地，当 $t = +\infty$ 时，必有

$$R(+\infty) = 0;\ F(+\infty) = 1$$

考虑 $F(t)$ 是时间的连续函数，则可定义失效概率密度函数为

$$f(t) = \frac{\mathrm{d}F(t)}{\mathrm{d}t} \tag{3-34}$$

相应地，

$$F(t) = \int_0^t f(t)\,\mathrm{d}t \tag{3-35}$$

$$R(t)=1-F(t)=F(+\infty)-F(t)=\int_0^{+\infty}f(t)\,\mathrm{d}t-\int_0^{t}f(t)\,\mathrm{d}t=\int_t^{+\infty}f(t)\,\mathrm{d}t \tag{3-36}$$

由以上推导过程也可看出，关于失效概率密度函数，有

$$\int_0^{+\infty}f(t)\,\mathrm{d}t=1 \tag{3-37}$$

以上公式给出了关于可靠度、不可靠度和失效概率密度函数在数学上的定义。在实际的研究过程中，这些参数的具体数值都是通过大量的统计实验得出的。

设有 $N$ 个样本同时进行试验，在 $t$ 时间后有 $N_f(t)$ 个失效，则有 $N_s(t)=N-N_f(t)$ 个仍正常工作。根据可靠度的定义，有

$$R(t)=\frac{N_s(t)}{N}=\frac{N-N_f(t)}{N} \tag{3-38}$$

$$F(t)=\frac{N_f(t)}{N} \tag{3-39}$$

对 $R(t)$ 求导，得

$$\frac{\mathrm{d}R(t)}{\mathrm{d}t}=\frac{1}{N}\frac{\mathrm{d}N_f(t)}{\mathrm{d}t}\text{，即}\ \frac{\mathrm{d}N_f(t)}{\mathrm{d}t}=-N\frac{\mathrm{d}R(t)}{\mathrm{d}t} \tag{3-40}$$

将式（3-40）两边同时除以 $N_s(t)$ 可得

$$\frac{1}{N_s(t)}\frac{\mathrm{d}\,N_f(t)}{\mathrm{d}t}=-\frac{N}{N_s(t)}\frac{\mathrm{d}R(t)}{\mathrm{d}t} \tag{3-41}$$

分析式（3-41）的左端，已知 $N_s(t)$ 为 $t$ 时刻仍正常工作的样本数，$\frac{\mathrm{d}N_f(t)}{\mathrm{d}t}$ 中的 $\mathrm{d}N_f(t)$ 为 $t$ 时刻经过一个微小时间段 $\mathrm{d}t$ 后新增失效样本数，故 $\frac{\mathrm{d}N_f(t)}{N_s(t)}$ 可看作在 $t\sim t+\mathrm{d}t$ 时间段内样本的失效概率，因此 $\frac{1}{N_s(t)}\frac{\mathrm{d}N_f(t)}{\mathrm{d}t}$ 则可看作所研究的样本在某一时刻 $t$，单位时间内发生失效的概率。

因此，可以定义失效率 $\lambda(t)$ 为

$$\lambda(t)=\frac{1}{N_s(t)}\frac{\mathrm{d}N_f(t)}{\mathrm{d}t}=-\frac{N}{N_s(t)}\frac{dR(t)}{\mathrm{d}t}=-\frac{1}{R(t)}\frac{\mathrm{d}R(t)}{\mathrm{d}t} \tag{3-42}$$

再进一步，

$$\lambda(t)=-\frac{1}{R(t)}\frac{\mathrm{d}R(t)}{\mathrm{d}t}=-\frac{1}{R(t)}\frac{\mathrm{d}[1-F(t)]}{\mathrm{d}t}=\frac{1}{R(t)}\frac{\mathrm{d}F(t)}{\mathrm{d}t}=\frac{f(t)}{R(t)} \tag{3-43}$$

对式（3-43）两边取积分：

$$\int_0^t\lambda(t)\,\mathrm{d}t=-\int_0^t\frac{1}{R(t)}\mathrm{d}R(t)=-\ln R(t)\ \Big|_0^t \tag{3-44}$$

由于 $R(0)=1$，$\ln R(0)=0$，得 $\int_0^t \lambda(t)\mathrm{d}t=-\ln R(t)$，即

$$R(t)=\exp[-\int_0^t \lambda(t)\mathrm{d}t] \tag{3-45}$$

当失效率为常数，即 $\lambda(t)=\lambda$，可得

$$R(t)=\exp[-\int_0^t \lambda(t)\mathrm{d}t]=\mathrm{e}^{-\lambda t} \tag{3-46}$$

即可靠度服从指数分布。相应地，还可求得失效概率密度函数 $f(t)=\lambda\mathrm{e}^{-\lambda t}$。

对于任一不可修复系统，设其寿命为 $T$，显然有

$$R(t)=P(T\geqslant t);\ F(t)=P(T<t)$$

即 $F(t)$ 为 $T$ 的概率分布函数。由此可得系统的平均寿命为

$$Q=\int_0^{+\infty} R(t)\mathrm{d}t=\int_0^{+\infty}\mathrm{e}^{-\lambda t}\mathrm{d}t=-\frac{1}{\lambda}\mathrm{e}^{-\lambda t}\Big|_0^{+\infty}=\frac{1}{\lambda} \tag{3-47}$$

即系统的平均寿命为其失效率的倒数。

### 3.9.4　系统可靠度计算

一个系统通常由若干个子系统组成，各子系统间相互联系、相互依赖，以完成一定的功能。系统的可靠度一方面取决于各子系统本身的可靠度，同时还取决于各子系统间的功能作用关系。根据子系统间功能作用关系的不同，系统可分为串联系统和并联系统。

#### 3.9.4.1　串联系统

串联系统是指系统中任何一个子系统发生故障，都会导致整个系统发生故障的系统。设一个串联系统中各子系统的可靠性是相互独立的，且分别为 $R_1$，$R_2$，…，$R_n$，这个串联系统的可靠度为

$$R_{\mathrm{s}}=R_1,\ R_2,\ \cdots,\ R_n=\prod_{i=1}^{n}R_i \tag{3-48}$$

若子系统可靠度是时间的函数，则

$$R_{\mathrm{s}}(t)=\prod_{i=1}^{n}R_i(t) \tag{3-49}$$

若所有子系统的失效率都是常数，则

$$R_{\mathrm{s}}(t)=\prod_{i=1}^{n}R_i(t)=\prod_{i=1}^{n}\mathrm{e}^{-\lambda_i t}=\mathrm{e}^{-\sum_{i=1}^{n}\lambda_i t}=\mathrm{e}^{-\lambda_{\mathrm{s}}t} \tag{3-50}$$

式（3-50）说明由失效率为常数的子系统组成的串联系统的可靠度也服从指数分布，且系统的失效率等于各单元失效率之和。例如，某系统包含两个串联的子系统，失效率均为 $\lambda$（显然，子系统的平均寿命为 $1/\lambda$），则系统的失效率为 $2\lambda$，系统的平均寿命则为 $0.5/\lambda$，为子系统平均寿命的一半。

由以上分析可以看出，要提高串联系统的可靠度，有 3 个途径：(1) 提高各子系统的可靠度，即减少子系统的失效率；(2) 减少串联级数；(3) 缩短任务时间。

3.9.4.2 并联系统

串联系统中的任何部件或单元都是缺一不可的，即没有任何的备用部件，当其中的任何一个部件发生故障时都会导致整个系统的失效，这在很多情况下是不可接受的。为了提高系统的可靠性，通常需要使系统的部分子系统乃至全部子系统有一定数量储备，即使某一子系统发生故障，相应的储备子系统可继续顶替它的工作，从而保证整个系统的正常工作。利用储备提高系统可靠性最常用的方法就是采用并联结构的系统，即并联系统。在并联系统中，只有在所有子系统或单元都发生故障时系统才发生故障。并联系统一般可分为两种情况，即热储备系统和冷储备系统。

A 热储备系统

热储备系统是指储备的单元也参与工作，即参与工作的设备数量大于实际所必需的数量，这种系统又称冗余系统，如图 3-27 所示。设系统各单元的可靠性是相互独立的，各单元的不可靠度分别为 $F_1$，$F_2$，…，$F_n$，根据概率乘法定理，可得系统的不可靠度为

$$F_s = F_1 F_2 \cdots F_n = \prod_{i=1}^{n} F_i \tag{3-51}$$

由此也可以看出可靠性并联相当于不可靠性的串联。显然，此式可等价的变换为

$$1 - R_s = (1 - R_1)(1 - R_2)\cdots(1 - R_n) = \prod_{i=1}^{n}(1 - R_i)$$

故系统的可靠度为

$$R_s = 1 - \prod_{i=1}^{n}(1 - R_i) \tag{3-52}$$

可以证明，热储备并联系统的可靠度大于等于各并联单元可靠度的最大值。

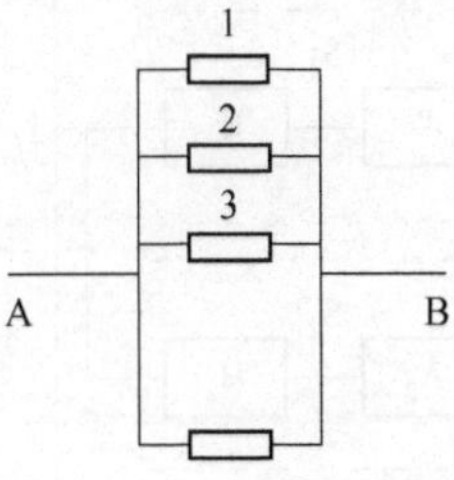


图 3-27 热储备系统

**例 3-22** 某系统为由两单元组成的热储备系统，若两单元的故障分别为常数 $\lambda_1$ 和 $\lambda_2$，则系统的可靠度为

$$R_s = 1 - \prod_{i=1}^{n}(1 - R_i) = 1 - (1 - e^{-\lambda_1 t})(1 - e^{-\lambda_2 t}) = e^{-\lambda_1 t} + e^{-\lambda_2 t} - e^{-(\lambda_1 + \lambda_2)t}$$

若 $\lambda_1 = \lambda_2 = \lambda$，即 $R_1 = R_2$ 则有

$$R_s = 2e^{-\lambda t} - e^{-2\lambda t}$$

该系统的平均寿命为：$Q_s=\int_0^{+\infty}R_s(t)\mathrm{d}t=\int_0^{+\infty}(2\mathrm{e}^{-\lambda t}-\mathrm{e}^{-2\lambda t})\mathrm{d}t=\left(-\frac{2}{\lambda}\mathrm{e}^{-\lambda t}+\frac{1}{2\lambda}\mathrm{e}^{-2\lambda t}\right)\Big|_0^{+\infty}=\frac{2}{\lambda}-\frac{1}{2\lambda}=1.5\frac{1}{\lambda}=1.5Q$。

即两个失效率相等的子系统构成的热储备系统的平均寿命是子系统平均寿命的1.5倍。

以两个或两个以上的同功能的重复单元并行工作构成热储备系统（冗余系统）来提高系统的可靠度的方法，称为冗余设计法。在进行冗余设计时需考虑以下两方面的问题。

（1）冗余度的选择问题。系统的总可靠度总是随着冗余度的提高而提高，但提高的效率越来越低。用低可靠度的单元构成冗余系统可靠度提高的效率比用高可靠度单元构成冗余系统效率高。例如，某系统是由两个同样的单元构成的冗余系统（冗余单元为1个），单元可靠度均为0.6，可求得系统的可靠度为0.84，较没有冗余的情况提高的效率为40%。若将冗余单元增加到2个，则系统可靠度增加到0.936，较冗余单元为1个时可靠度提高的效率为11.4%。再例如，某系统为由两个可靠度为0.7的相同单元组成的冗余系统，求得系统的可靠度为0.91，可靠度提高的效率为30%。若用两个可靠度为0.9的单元组成该系统，则系统的可靠度可达0.99，但可靠度的提高效率只有10%。

（2）冗余级别的选择问题。部件级冗余比系统级冗余的效率高。如图3-28（a）所示系统S中包含两个串联的部件A和B。图3-28（b）为由系统$S_1$和$S_2$构成的系统级冗余系统，而图3-28（c）为由$S_1$和$S_2$的部件进行组合构成的部件级冗余系统。显然系统级冗余和部件级冗余所使用的部件数是相同的。设部件A的可靠度为0.8，部件B的可靠度为0.9，下面分别来计算图3-28（b）和图3-28（c）所示系统的可靠度。

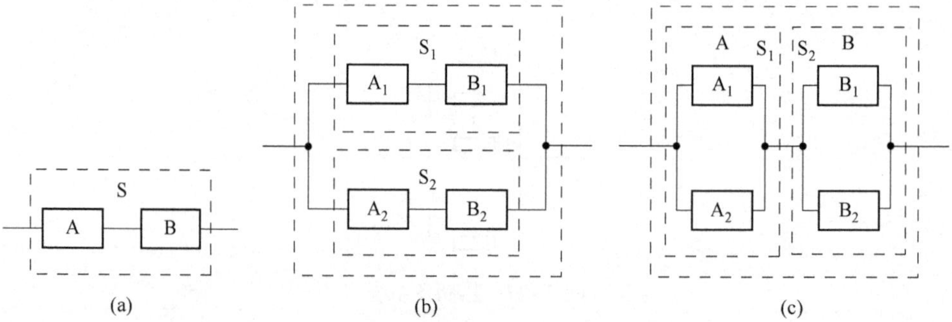


图3-28 部件级冗余与系统级冗余的效率

（a）A和B组成的系统；（b）系统级冗余系统；（c）部件级冗余系统

显然系统S的可靠度是部件A和B的可靠度的乘积，为0.72。图3-28（b）所示的系统级冗余系统的可靠度为0.9216。对图3-28（c）所示的部件级冗余系统，求得$A_1$和$A_2$并联的可靠度为0.96，$B_1$和$B_2$并联的可靠度为0.99，则系统的可靠度为$0.96\times0.99=0.9054$。显然，部件级冗余比系统级冗余提高系统可靠度的效率高。

B 冷储备系统

冷储备系统是指储备的单元不参加工作，并且假定在储备中不会出现失效，储备时间的长短不影响以后的使用寿命。如图 3-29 所示，在 A 与 B 两点间有 $N+1$ 个部件，通过转换开关连接。当部件 1 失效时，转换到部件 2，由部件 2 顶替部件 1 工作；当部件 2 失效时，由部件 3 顶替，以此类推，直到所有部件失效时系统失效。假设转换开关完全可靠，若所有部件的失效率均相等且为 $\lambda$，则系统的可靠度可用式（3-53）计算：

$$R_s(t) = e^{-\lambda t}\sum_{i=1}^{N+1}\frac{(\lambda t)^i}{i!} \tag{3-53}$$

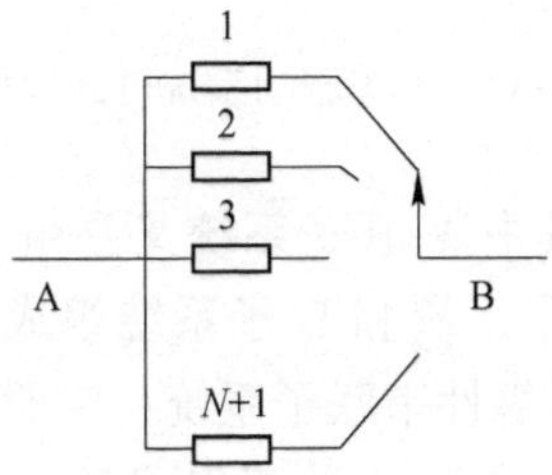


图 3-29 冷储备系统

系统的平均寿命为：

$$Q_s = \frac{N+1}{\lambda} \tag{3-54}$$

由式（3-54）可见，冷储备系统的平均寿命是各单元平均寿命的总和。如果系统各部件的失效率不相等，且分别为 $\lambda_1$，$\lambda_2$，…，$\lambda_{N+1}$，则系统的可靠度可用式（3-55）计算：

$$R_s(t) = \sum_{i=1}^{N+1}\left(\prod_{\substack{k=1\\k\neq i}}^{N+1}\frac{\lambda_k}{\lambda_k - \lambda_i}\right)e^{-\lambda_i t} \tag{3-55}$$

系统的平均寿命为：

$$Q_s = \sum_{i=1}^{N+1}\frac{1}{\lambda_i} \tag{3-56}$$

C 串-并联系统

以上所讨论的是两种基本结构的可靠度计算方法，而实际的系统可能不会是这种纯粹的串联或并联，而可能是串联和并联的组合（甚至更复杂）。对串-并联系统可以通过适当的功能模块分解，将一个大系统转化成若干个子系统的串联或并联，然后分别计算各子系统的可靠度，进而再求出整个系统的可靠度或其他相应的参数。下面用一个例子来说明串-并联系统可靠度的计算方法。

**例 3-23** 有一汽车的制动系统可靠性连接关系如图 3-30 所示。组成系统各单元的可靠度分别为：$R(A_1)=0.995$，$R(A_2)=0.975$，$R(A_3)=0.972$，$R(B_1)=0.990$，$R(B_2)=0.980$，$R(C_1)=R(C_2)=R(D_1)=R(D_2)=0.980$。求系统的可靠度。

**解**：(1) 分析系统：由图 3-30 中可知，该制动系统可看作是由 A-B 子系统和 C-D

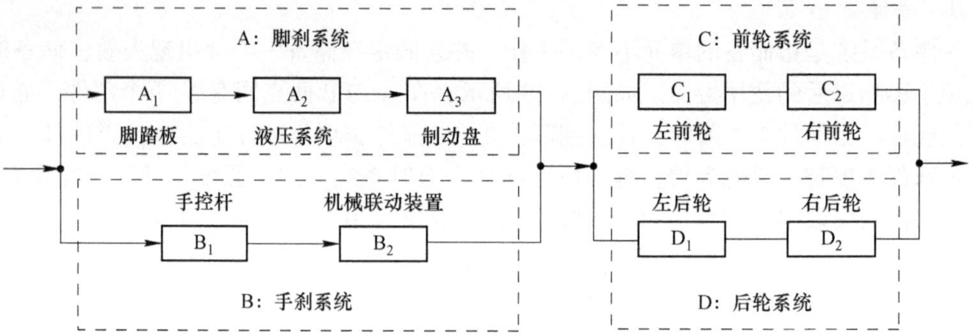


图 3-30 汽车制动系统可靠性框图

子系统组成的可靠性串联系统。其中 A-B 子系统又是由 A 子系统和 B 子系统组成的可靠性并联系统；C-D 子系统是由 C 子系统和 D 子系统组成的可靠性并联子系统。A 子系统是 $A_1$、$A_2$ 和 $A_3$ 3 个单元组成的可靠性串联子系统；B 子系统是 $B_1$ 和 $B_2$ 两个单元组成的可靠性串联子系统；C 子系统是 $C_1$ 和 $C_2$ 两个单元组成的可靠性串联子系统；D 子系统是 $D_1$ 和 $D_2$ 两个单元组成的可靠性串联子系统。

（2）分别求 A、B、C、D 4 个子系统的可靠度：

A 子系统：

$$R(\mathrm{A}) = R(\mathrm{A}_1)R(\mathrm{A}_2)R(\mathrm{A}_3) = 0.995 \times 0.975 \times 0.972 = 0.943$$

B 子系统：

$$R(\mathrm{B}) = R(\mathrm{B}_1)R(\mathrm{B}_2) = 0.990 \times 0.980 = 0.970$$

C 子系统：

$$R(\mathrm{C}) = R(\mathrm{C}_1)R(\mathrm{C}_2) = 0.980 \times 0.980 = 0.960$$

D 子系统：

$$R(\mathrm{D}) = R(\mathrm{D}_1)R(\mathrm{D}_2) = 0.980 \times 0.980 = 0.960$$

（3）分别求 A-B 并联子系统和 C-D 并联子系统的可靠度：

A-B 子系统：

$$R(\mathrm{AB}) = 1 - [1 - R(\mathrm{A})][1 - R(\mathrm{B})] = 1 - (1 - 0.943) \times (1 - 0.970) = 0.998$$

C-D 子系统：

$$R(\mathrm{CD}) = 1 - [1 - R(\mathrm{C})][1 - R(\mathrm{D})] = 1 - (1 - 0.960) \times (1 - 0.960) = 0.998$$

（4）求整个系统的可靠度：

$$R_s = R(\mathrm{AB})R(\mathrm{CD}) = 0.998 \times 0.998 = 0.996$$

计算结果表明，目前该制动系统的可靠度为 0.996（不可靠度为 0.004）。随着使用时间加长，可靠度将不断下降，而不可靠度将不断上升。

### 3.9.5 人员可靠性分析

#### 3.9.5.1 人员可靠性分析法定义

人的可靠性是指使系统可靠或正常运转所必需的人的正确活动概率。人的可靠性分析可作为一种设计方法，使系统中人为失误的概率减少到可接受的水平。人为失误的严重性是根据可能导致的后果来划分的，如损害系统的功能、降低安全性、增加费用等。在大型人机系统中，人的可靠性分析常作为系统概率危险评价的一部分。

### 3.9.5.2 人员可靠性分析法特点

人员可靠性分析法很少单独使用，大多数情况下，与其他系统安全分析方法（如 HAZOP、FMEA、FTA 等）结合使用，识别出具体的、严重后果的人为失误。

### 3.9.5.3 人的可靠性分析法编制步骤

人的可靠性分析法编制步骤为：

（1）描述人员特点、作业环境、所执行的工作任务；

（2）评价人机界面；

（3）执行操作者功能的任务分析；

（4）分析操作人员职责；

（5）进行与操作者职责有关的人为失误分析；

（6）汇总结果。

**例 3-24** 人员可靠性分析法的实例分析如图 3-31 所示。(1) 目的：辨识可能的失误和原因及其影响。(2) 适用范围：设计和操作时。(3) 使用方法：观察操作者的失误，分析其可能产生的后果。(4) 资料准备：操作法、控制盘布置及各种安全系统，如警报、标志、信号等。(5) 人力、时间：观察操作者的行为，1h 可完成一种工作，如进行多种操作的综合分析则需一定时间。(6) 效果：定性找出正常时、紧急时人的误操作类型以改进设备、控制盘等的人机工程特性。

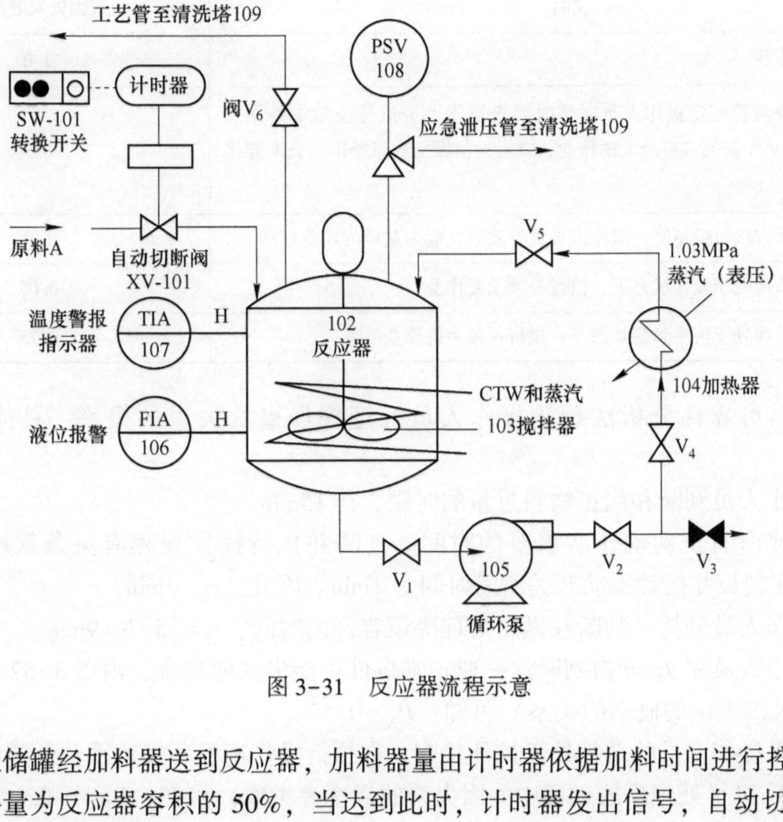


图 3-31 反应器流程示意

物料从储罐经加料器送到反应器，加料器量由计时器依据加料时间进行控制。正常情况下，装料量为反应器容积的 50%，当达到此时，计时器发出信号，自动切断阀（XV-

101）立即关闭，进料停止。倘若计时器不能将信号传给自动切断阀，反应器中装料就会过量。当装料量达到反应器容器的70%时，液位报警器发出报警信号。此时，操作人员应立即使用控制板上的手动开关关闭自动切断阀（XV-101），并把反应器中的物料排放到另一系统回收。人员判断和纠正物料过量可利用的时间为15min，超过此时间，反应器中开始加热，如果多余物料未排放，反应器就会超压，导致有毒物料泄漏。操作人员判断时间与人因失误的概率的关系图如图3-32所示。处理事故过程中人因失误的概率参考值见表3-21。

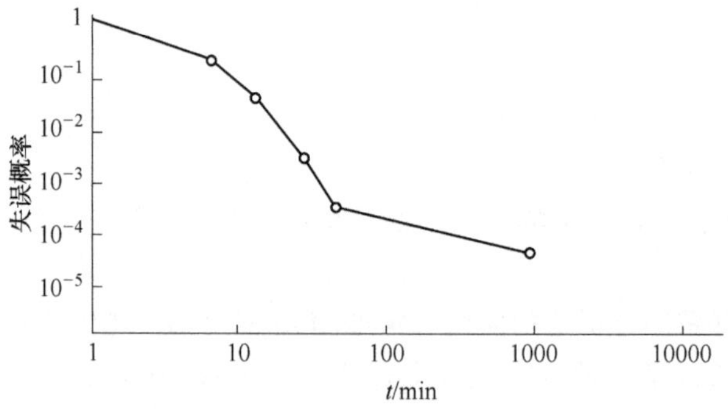


图3-32　操作人员判断时间与人因失误的概率的关系

**表3-21　处理事故过程中人因失误的概率参考值**

| 说明 | 人因失误的概率 |
|---|---|
| 在控制室外作业 | 1.0 |
| 当用通信设备与控制室操作人员联络时要求操作人员执行控制室外作业（包括：操作人员不能完成所分配的作业，或者通信设备故障操作人员未能接收到正确指令） | 0.5 |
| 当无书面处理方法可借鉴时，操作人员凭经验以技能为基础的作业行动 | 1.0 |
| 在操作人员精神处于较佳状态下，执行一项重要作业 | 0.05 |
| 在操作人员精神处于极度紧张状态下，执行一项关键作业 | 0.25 |

请用人员可靠性分析法预测操作人员处理现场事故失误的概率。具体步骤如下所述。

（1）操作人员判断和纠正物料过量的时限，$t=15$min。

（2）完成所有正确动作所需要的时间。查阅并执行操作规程有关条款所需时间为5min，走到控制板并扳动手动开关所需时间为1min。因此，$t_2=6$min。

（3）操作人员分析、判断并做出处理决策容许的时间，$t_3=15-6=9$min。

（4）操作人员在9min内判断这一非正常事件可能失误的概率，由图3-32（操作人员判断时间与人因失误的概率的关系）可知：$P_A=0.55$。

（5）如果操作人员的精神处于较佳状态，在执行操作规程和扳动手动开关可能失误的概率，由表3-21（处理事故过程中人因失误的概率参考值）可知：$P_B=0.05$。

（6）操作人员处理这一事故失误的概率，令 A 代表判断失误；B 代表执行（执行操作规程和扳动手动开关）失误。

1）A、B 两种失误同时发生，$P=0.55\times0.05=0.0275$。

2）A 发生时 B 不发生，或者 B 发生时 A 不发生，$P=0.55+0.05=0.60$。

因此，评价的结果为：判断失误与执行失误，两者同时发生的概率小；判断失误与执行失误，两者只发生一种失误的概率较大，其值分别为 2.75%和 60%。

## 3.10 原因-后果分析

原因-后果分析（cause-consequence analysis，CCA）是一种将事故树分析和事件树分析结合在一起的分析方法。它用事故树进行原因分析（cause analysis），用事件树进行后果分析（consequence analysis），是一种演绎和归纳相结合的方法。

CCA 的基本思路是：以事件树的起始事件和被识别是失败的环节事件作为顶事件绘制事故树，利用事故树定量分析方法计算事件树的起始事件和环节事件的发生概率，进而计算事件树所归纳出的各种后果的出现概率，通过后果与概率的结合得出关于系统风险的评价。

以某工厂的电机系统为例，应用 CCA 以“电机过热”为起始事件分析工厂所面临的风险。

### 3.10.1 绘制原因-后果图

以“电机过热”为起始事件绘制事件树如图 3-33 所示，图中的 5 种后果见表 3-22。

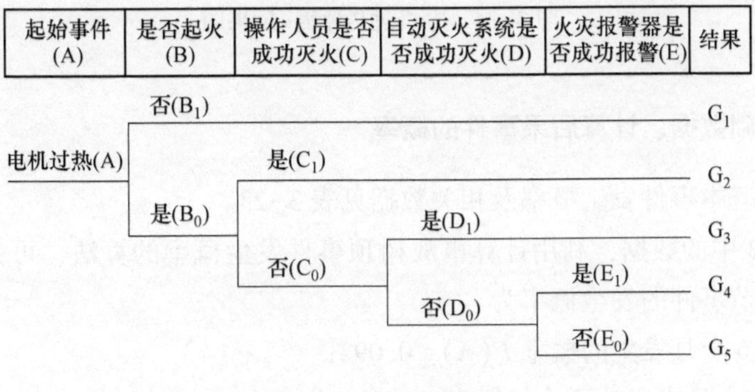


图 3-33 电机过热事件树

**表 3-22 电机过热各种后果及损失** （美元）

| 后果 | 说明 | 直接损失 | 停工损失 | 总损失 G |
|---|---|---|---|---|
| $G_1$ | 停产 2h | $10^3$ | $2\times10^3$ | $3\times10^3$ |
| $G_2$ | 停产 24h | $1.5\times10^4$ | $2.4\times10^4$ | $3.9\times10^4$ |
| $G_3$ | 停产 1 个月 | $10^6$ | $7.44\times10^5$ | $1.744\times10^6$ |
| $G_4$ | 无限期停产 | $10^7$ | $10^7$ | $2\times10^7$ |
| $G_5$ | 无限期停产，伤亡 10 人 | $4\times10^7$ | $10^7$ | $5\times10^7$ |

注：1. 直接损失是指直接烧坏或造成的财产损失。对 $G_5$ 还包括伤亡抚恤费，每人 $3\times10^6$ 美元。

2. 停工损失是指每停工 1h 损失 1000 美元。无限期停产约损失 $10^7$ 美元。

假设已知电机过热后起火的条件概率：$P(B_0/A)=0.02$；不起火概率：$P(B_1/A)=0.98$。除此之外，起始事件和其他环节事件的发生概率都需要通过 FTA 加以确定。以这些事件为顶事件绘制事故树，并把这些事故树与事件树连接起来就得到的原因-后果图，如图 3-34 所示。

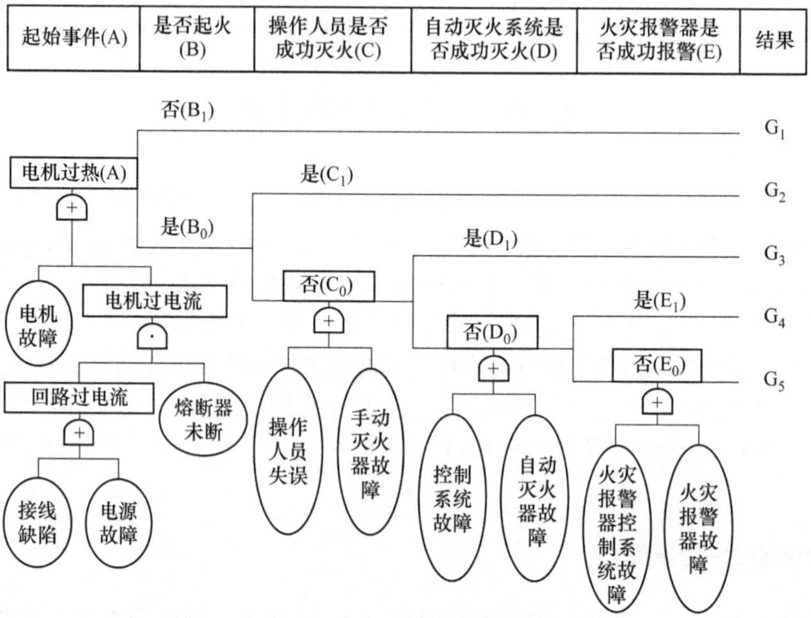


图 3-34　电机过热原因-后果图

## 3.10.2　收集基础数据、计算后果事件的概率

收集事故树基本事件发生概率及相关数据见表 3-23。

根据表 3-23 中的数据，利用计算事故树顶事件发生概率的算法，可分别计算出事件树起始事件和环节事件的发生概率为

起始事件每 6 个月发生的概率 $P(A)=0.092$；

每 365h 操作人员未成功灭火的概率 $P(C_0)=0.133$；

每 2190h 自动灭火系统未成功灭火的概率 $P(D_0)=0.044$；

每 1095h 火灾报警器未成功报警的概率 $P(E_0)=0.065$。

则可计算得 5 种后果事件每 6 个月出现的概率分别为：

$P(G_1)=P(A)P(B_1/A)=0.092\times0.98=0.090$

$P(G_2)=P(A)P(B_0/A)P(C_1)=0.092\times0.02\times(1-0.133)=0.0016$

$P(G_3)=P(A)P(B_0/A)P(C_0)P(D_1)=0.092\times0.02\times0.133\times(1-0.044)=2.3\times10^{-4}$

$P(G_4)=P(A)P(B_0/A)P(C_0)P(D_0)P(E_1)=0.092\times0.02\times0.133\times0.044\times(1-0.065)=10^{-5}$

$P(G_5)=P(A)P(B_0/A)P(C_0)P(D_0)P(E_0)=0.092\times0.02\times0.133\times0.044\times0.065=7.0\times10^{-7}$

表 3–23 基本事件发生概率及相关数据

| 事件树起始或环节事件 | 事故树基本事件 | 基本事件发生概率或设备失效率 |
| --- | --- | --- |
| 电机过热（A） | 电机失效（$x_1$） | 电机失效率 $\lambda_1=1.43\times10^{-5}$/h（检修周期 $T_1=6$ 个月 $=4320$h）<br>最大故障概率 $P(x_1)=1-\exp(-\lambda_1T_1)\approx\lambda_1T_1=0.062$ |
| | 接线缺陷（$x_2$） | $P(x_2)=0.19$ |
| | 电源故障（$x_3$） | 电源失效率 $\lambda_3=2.44\times10^{-5}$/h（检修周期 $T_3=6$ 个月 $=4320$h）<br>最大故障概率 $P(x_3)\approx\lambda_3T_3=0.105$ |
| | 熔断器未断（$x_4$） | 熔断器失效率 $\lambda_4=1.62\times10^{-4}$/h（检修周期 $T_4=1$ 个月 $=720$h）<br>最大故障概率 $P(x_4)\approx\lambda_4T_4=0.117$ |
| 操作人员手动灭火未成功（$C_0$） | 操作人员手动灭火失误（$x_5$） | $P(x_5)=0.1$ |
| | 手动灭火器故障（$x_6$） | 手动灭火器失效率 $\lambda_6=10^{-4}$/h（检修周期 $T_6=365$h）<br>最大故障概率 $P(x_6)\approx\lambda_6T_6=0.037$ |
| 自动灭火系统灭火未成功（$D_0$） | 自动灭火器控制系统故障（$x_7$） | 自动灭火器控制系统失效率 $\lambda_7=10^{-5}$/h（检修周期 $T_7=2190$h）<br>最大故障概率 $P(x_7)\approx\lambda_7T_7=0.022$ |
| | 自动灭火器故障（$x_8$） | 自动灭火器失效率 $\lambda_8=10^{-5}$/h（检修周期 $T_8=2190$h）<br>最大故障概率 $P(x_8)\approx\lambda_8T_8=0.022$ |
| 火灾报警系统报警未成功（$E_0$） | 火灾报警器控制系统故障（$x_9$） | 火灾报警器控制系统失效率 $\lambda_9=5\times10^{-5}$/h（检修周期 $T_9=1095$h）<br>最大故障概率 $P(x_9)\approx\lambda_9T_9=0.055$ |
| | 火灾报警器故障（$x_{10}$） | 火灾报警器失效率 $\lambda_{10}=10^{-5}$/h（检修周期 $T_{10}=1095$h）<br>最大故障概率 $P(x_{10})\approx\lambda_{10}T_{10}=0.011$ |

### 3.10.3 计算风险率

根据各种后果事件的出现概率和所造成的损失综合衡量电机过热所带来的风险。这里，可直接采用后果的出现概率与后果损失（美元）的乘积作为风险率。风险率计算结果见表 3–24。

表 3–24 各种后果的风险率 （美元/6 个月）

| 后果 | 风险率 |
| --- | --- |
| $G_1$ | $0.090\times3\times10^3=270$ |
| $G_2$ | $0.0016\times3.9\times10^4=62.4$ |
| $G_3$ | $2.3\times10^{-4}\times1.744\times10^6=401$ |
| $G_4$ | $10^{-5}\times2\times10^7=200$ |
| $G_5$ | $7.0\times10^{-7}\times5\times10^7=35$ |
| 累计 | 968 美元/6 个月 = 1936 美元/年 |

### 3.10.4 评价

评价可采用法默风险评价图进行。该图以事故发生概率为纵坐标，以损失价值为横坐标，用一条曲线（等风险线，作为安全标准）将坐标平面分成左右两部分，如图3-35所示。图中等风险线的右上方是高风险区，左下方是低风险区。

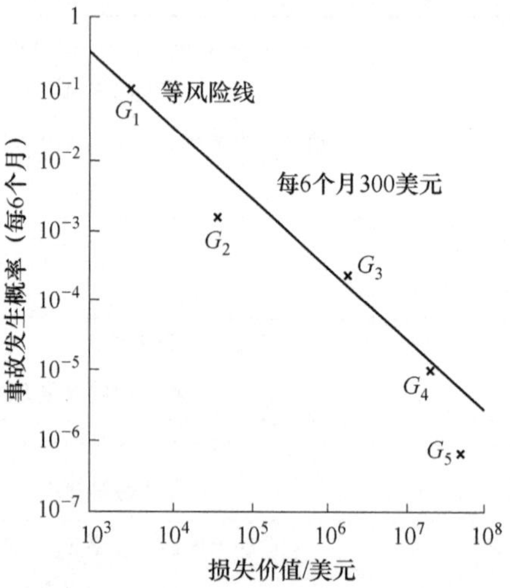


图3-35 电机过热风险评价图

在电机过热风险评价图3-35中标出电机过热各种后果事件的风险坐标（损失值，概率），可以看出如果以每6个月300美元作为安全标准，则除$G_3$以外其他后果的风险都是可以接受的，针对$G_3$应进一步采取措施降低其风险。

从整体考虑，如果以各种后果的风险率总和每6个月不超过1000美元作为安全标准的话，则该系统也可认为是安全的。

## 3.11 本章小结

本章介绍了常用的系统安全分析方法：安全检查表分析法、预先危险性分析法、故障类型、影响和危险度分析法、危险和可操作性研究法、鱼刺图法、事件树分析法、事故树分析法、系统可靠性分析法、原因-后果分析法。实践中可将各种分析方法有机地结合起来，首先通过比较简单的定性分析找出分析重点，然后有针对性地对系统风险或危害后果较严重事件开展定量分析。

### 复习思考题

3-1 常用的系统安全分析方法有哪些？

3-2 选择系统安全分析的方法时应考虑哪几个方面的问题？

3-3　安全检查表的基本格式是什么？结合生产或生活中的实际情况编制安全检查表。

3-4　预先危险性分析的程序是什么？

3-5　故障类型、影响和危险度分析的步骤有哪些？

3-6　危险和可操作性研究的引导词及其含义分别是什么？

3-7　鱼刺图法和其他系统安全分析方法的区别？

3-8　事件树分析方法的基本原理是什么？

3-9　事故树分析方法的常用符号有哪些，含义是什么？

3-10　最小割集和最小径集在事故树分析中有什么作用？

3-11　什么是结构重要度、概率重要度、临界重要度？

3-12　常用的计算顶事件概率的方法有哪些？

3-13　什么是系统的可靠度、维修度、有效度？

3-14　提高系统有效度的途径有哪些？

3-15　什么是原因-后果分析？

# 4 系统安全预测

凡事预则立，不预则废。传统的安全管理实质上是被动的事故管理，忽视了事故发生之前每一工作环节潜在的危险，工作重点没有从事故的追查处理转变到事前的危险预测。这就使得“安全第一、预防为主、综合治理”的方针没有落到实处。

预测是运用各种知识和科学手段，分析研究历史资料，对安全生产发展的趋势或可能的结果进行事先的推测和估计。也就是说，预测就是由过去和现在去推测未来，由已知去推测未知。

系统安全预测就要预测造成事故后果的许多前级事件，包括起因事件、过程事件和情况变化；随着生产的发展以及新工艺、新技术的应用，预测会产生什么样的新危险、新的不安全因素；随着科学技术的发展，预测未来的安全生产面貌及应采取的安全对策。

## 4.1 系统安全预测概述

### 4.1.1 系统安全预测的分类

#### 4.1.1.1 根据预测对象分类

根据预测对象分类，系统安全预测可分为宏观预测和微观预测。

(1) 宏观预测。宏观预测是指对整个行业、一个省（区）、一个局（企业）的安全状况的预测。如预测某企业千人死亡率的变化情况。

(2) 微观预测。微观预测是具体研究系统的某种危险源能否导致事故的发生及其危险程度，是针对一个生产单位的生产系统或对其子系统的安全状况进行的预测。微观预测可以综合应用各种系统安全分析方法以表明基本事件状态的变量由现在的情况改变为未来可能发生的情况，这样就可以达到预测的目的。

#### 4.1.1.2 根据预测时间长短分类

根据预测时间长短可将预测分为以下几类。

(1) 长期预测，是指对5年以上的安全状况进行预测，它为安全管理方面的重大决策提供科学依据。

(2) 中期预测，是指对1年以上5年以下的安全生产状态进行预测。它是制定5年计划和任务的依据。

(3) 短期预测，是指对1年以内的安全状态进行预测。它是制定年度计划、季度计划以及制定短期发展任务的依据。

### 4.1.2 系统安全预测的程序

预测的系统安全程序由4个阶段的工作组成。

4.1.2.1 确定预测的目标和计划

预测是为了达到一定的目标而进行的工作，只有目标清楚才能进行有效的预测。因此，(1) 要明确为解决什么问题而进行预测，预测的重点和预测的目标是什么。(2) 为了达到预测的目标需要计划预测的具体工作，如选择和安排预测人员、预测期限、预测经费、预测方法、情报获取的途径等。(3) 确定预测时间不仅要明确预测起始时间，更重要的是根据预测目的和预测对象的不同特点，明确预测本身是近期预测、中期预测还是远期预测。只有这样，才能使收集的资料符合预测要求，及时地完成预测任务。

4.1.2.2 资料的收集与检验

资料的收集与检验，是使预测结果可信和有效的前提条件。预测结果的准确性取决于资料信息的可靠性和预测方法的正确性。资料可以是反映事物发展的历史资料，如历史活动的统计资料；也可以是某个特定时间对同一预测对象所需的相关统计资料。资料的来源可以是国家机关和部门提供的资料、报刊发表的和各单位之间互相交换的资料，也可以是现场调查的资料以及国外的情报资料等。获取的资料一方面要检查其可靠性和真实性，另一方面要检查统计的正确性和完整性。

4.1.2.3 预测处理

预测处理是预测分析的核心阶段。这一阶段中，根据收集的资料，应用一定的科学方法和逻辑推理，对事物未来的发展趋势进行预测、推测和判断。(1) 要根据预测目的、预测对象的特点、收集资料的情况、预测费用以及预测方法的应用范围等条件选择合适的预测方法。(2) 通过对资料的分析和推理，判断所预测对象的结构和变化规律，做出各种假设，建立预测模型，并根据预测模型进行推理和具体计算得到初步预测结果。

4.1.2.4 预测结果的鉴定和修正

预测是对未来事件的设想和推测，由于受认识的局限性、预测方法的成熟性、预测资料的全面性、预测人员的水平等因素的影响，对预测结果的正确性和准确性需要进行鉴定和修正，使预测结果与实际情况的偏差程度达到最小。如果由于预测方法和预测模型的不完善而造成偏差，就需要修改方法，改进模型，重新计算。如果是由于不确定因素的影响，就应在修正预测结果的同时，估计不确定因素的影响程度。

### 4.1.3 系统安全预测的基本原则

系统安全预测应遵循以下 4 条基本原则。

(1) 连贯的原则。连贯的原则就是指事物发展的各个阶段具有连贯性和稳定性。将来的发展趋势是对现在发展的结果、现在的情况，以及由过去演变而来的情况采取连贯的原则进行分析和研究，由过去和现在推测未来，作出准确的预测。

(2) 系统的原则。系统的原则是指把预测对象及所涉及的各种事件和因素，视为一个系统，进行综合考察和研究。采取系统的原则，可以全面地分析问题，从而克服片面性，提高预测的科学性。

(3) 实事求是的原则。实事求是的原则是在预测过程中，从客观实际出发，尊重历史资料，认真分析研究现状，如实的反映可能出现的问题和结果。只有从客观事物的实际情况出发，参照以往安全状况变化的规律性，分析未来的变化趋势，才能获得比较准确的预测结果。

（4）大量观察的原则。大量观察的原则是预测要从大量调查研究中求得一般的规律，避免以偏概全。

### 4.1.4 系统安全预测方法

目前，系统安全预测的方法有150种以上，常用的有20~30种，对这些方法进行归纳，主要的预测方法及分类如下所述。

（1）经验推断预测法。经验推断预测法是利用直观的材料，依靠人的经验知识和综合分析能力，对客观事物的未来状态作出估计和设想。这类方法对预测生产系统中安全状态与变化趋势有一定意义。经验推断预测法包括头脑风暴法、德尔菲法、主观概率法、试验预测法、相关树法、形态分析法、未来脚本法等。

（2）时间序列预测法。时间序列预测法是指利用观察或记录到的一组按时间顺序排列起来的数字序列，分析它们的变化方向和程度，对下一时期或以后若干时期可能达到的水平进行推测。时间序列预测法的基本思想是把时间序列作为一个随机应变量序列的样本用概率统计方法尽可能减少自然因素的影响，或消除季节性、周期性变动的影响，通过分析时间序列的趋势进行预测。时间序列预测法包括滑动平均法、指数滑动平均法、周期变动分析法、线性趋势分析法、非线性趋势分析法等。

（3）计量模型预测法。计量模型是由描述的预测对象与其主要影响因素有关的一个方程式或是方程组构成。计量模型预测法是利用一系列方程式的计算，根据主要影响因素的变化趋势，对预测对象的未来状况进行推测。计量模型预测法包括回归分析法、马尔柯夫链预测法、灰色系统预测法、投入产出分析法、宏观经济模型等。

## 4.2 德尔菲预测法

德尔菲预测法是在20世纪40年代发展起来的一种直观的预测方法。德尔菲这一名称起源于古希腊有关太阳神阿波罗的神话，德尔菲是希腊阿波罗神殿的所在地。传说中阿波罗具有预见未来的能力。因此，这种预测方法被命名为德尔菲预测法。1946年，美国兰德公司首次用这种方法来进行预测，后来该方法被迅速广泛采用。

德尔菲法是一种广为适用的方法。它既可以用于科技预测，也可以用于社会、经济预测；既可以用于短期预测也可以用于长期预测。德尔菲法之所以可使用在系统安全预测中，关键在于它能对大量非技术性的无法定量分析的因素作出概率估算，并将概率估算结果告诉专家，充分发挥信息反馈和信息控制的作用，使分散的评估意见逐次收敛，最后集中在协调一致的评估结果上。因此，德尔菲法的预测可信度比较高，在国外得到广泛应用。

### 4.2.1 德尔菲预测法的基本程序

德尔菲预测法的实质是利用专家的知识、经验、智慧等无法数量化而带来很大模糊性的信息。通过通信的方式进行信息交换，逐步地取得较一致的意见，达到预测的目的。

德尔菲预测程序如图4-1所示，左列各框是管理小组工作，右列各框是应答专家的工作，其步骤如下所示。

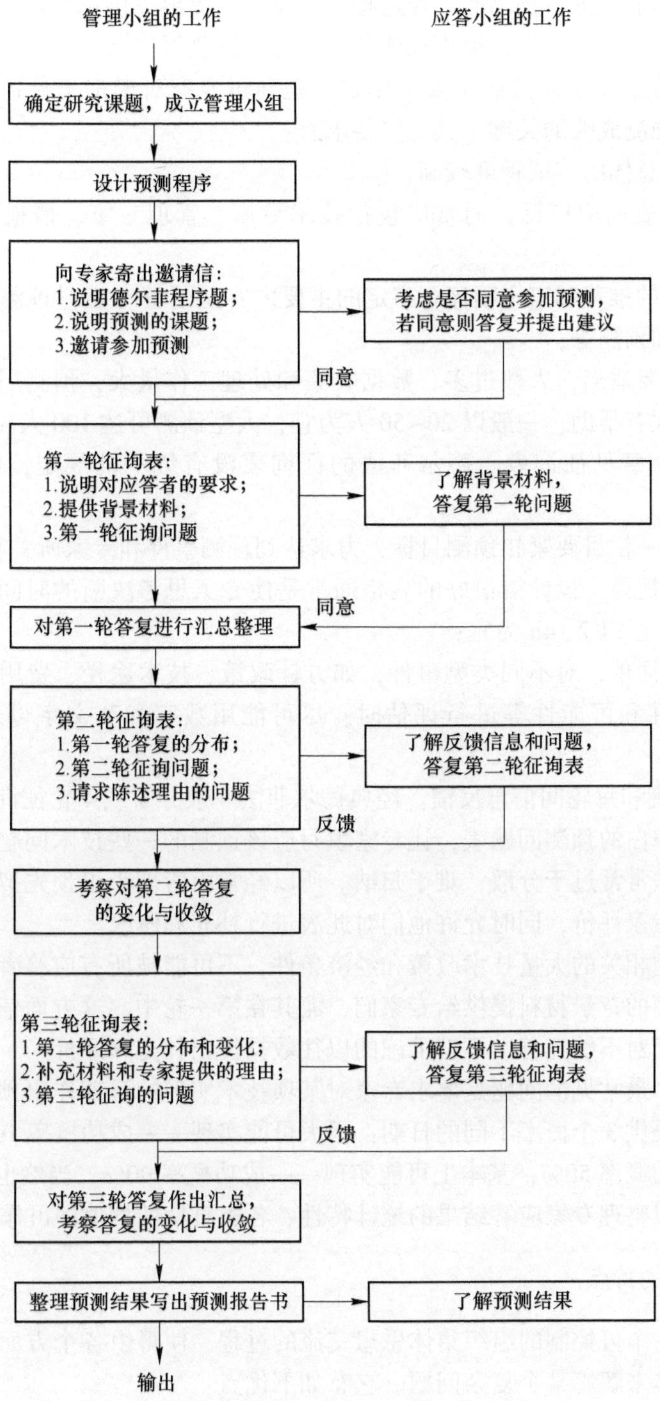


图 4-1　德尔菲预测程序

（1）确定预测目标。目标选择应是本系统或专业中对发展规划有重大影响而且意见分歧较大的课题，预测期限以中、远期为宜。如工矿企业伤亡事故发展趋势预测。

（2）成立管理小组。管理小组人数从两人至十几人不等，随工作量大小而定。其任务是负责对利用德尔菲法进行预测的工作过程进行设计，提出可供选择的专家名单，做好专家征询和每轮间信息反馈工作，整理预测结果和写出预测报告书。

（3）选择专家。德尔菲法的主要工作之一是通过专家对未来事件作出概率估计，因此，专家选择是预测成败的关键。其主要要求有：

1）要求专家总体的权威程度较高；

2）专家的代表面应广泛，通常应包括技术专家、管理专家、情报专家和高层决策人员；

3）严格专家的推荐和审定程序，审定的主要内容是了解专家对预测目标的熟悉程度和是否有时间参加预测等；

4）专家人数要适当，人数过多，数据收集和处理工作量大，预测周期长，对结果准确度提高并不是太有帮助，一般以 20~50 人为宜，大型预测可达 100 人左右。

（4）设计评估意见征询表。德尔菲法的征询表没有统一的规定，但要求符合如下原则：

1）表格的每一栏目要紧扣预测目标，力求达到预测事件和专家所关心问题的一致性；

2）表格简明扼要，设计得很好的表格通常是使专家思考决断的时间长，应答填表时间短，填表时间一般以 2~4h 为宜；

3）填表方式简单，对不同类型事件，如方针政策、技术途径、费用分析、关键技术的重要性、迫切性和可能性等进行评估时，尽可能用数字和英文字母表示专家的评估结果。

（5）专家征询和每轮间信息反馈。经典德尔菲法一般分 3 或 4 轮征询。在第一轮征询表中，给出一张空白的预测问题表，让专家填写应该预测的一些技术问题，应答者自由发挥。但是这种方法常常过于分散，难于归纳。所以经常由管理小组预先拟定一个预测事件一览表，直接让专家评价，同时允许他们对此表进行补充和修改。

与预测的课题相关的大量技术政策和经济条件，不可能被所有应答者掌握，管理小组应尽可能把这方面的背景材料提供给专家们，尤其在第一轮中，这方面信息力求详尽，同时也可以要求专家对不够完善、不够准确的以往数据提出补充和评价。

在征询表上，最常见的问题是要求专家对某项技术实现的日期作出预言。在某些情况下，常要求专家提供 3 个概率不同的日期：不大可能实现——成功概率 10%；实现与否可能性相等——成功概率 50%；基本上可能实现——成功概率 90%。当然也可选择其他类似概率，然后就可以整理专家应答结果的统计特性，各类日期的均值即可作为预测结果。

### 4.2.2 德尔菲法的特点

德尔菲法是一个可控制的组织集体思想交流的过程，使得由各个方面的专家组成的集体能作为一个整体来解答某个复杂问题。它有如下优点：

（1）匿名性。德尔菲法采用匿名函询的方式征求意见。以会议的形式进行决策时，由于群体成员心理相互影响，易屈于权威或大多数人意见，形成所谓的“群体思维”，群体思维削弱了群体的批判精神和创造力，损害了决策的质量。采用德尔菲法时，应邀参加预测的专家互不相见，消除了心理因素的影响。专家可以参考前一轮的预测结果以修改自己的意见。由于匿名而无须担心会有损于自己的威望。

（2）反馈性。德尔菲法在预测过程中，要进行3至4轮征询专家意见。预测机构对每一轮的预测结果作出统计、汇总，提供有关专家的论证依据和资料作为反馈材料发给每一位专家，以供下一轮预测时参考。由于每一轮之间的反馈和信息沟通可进行比较分析，因而能达到相互启发，提高预测准确度的目的。

（3）预测结果的统计特性。为了科学地综合专家们的预测意见和定量表示预测的结果，德尔菲法采用了统计方法对专家意见进行处理。

德尔菲法尽管有很多优点，但也存在以下缺点。

（1）受主观因素的影响。预测精度取决于专家的学识、心理状态、智能结构、对预测对象的兴趣程度等主观因素的影响。

（2）缺乏深刻的理论论证。专家的预测通常建立在直观的基础上的，缺乏理论上的严格论证与考证，因此预测结果往往是不稳定的。

（3）技术上不够成熟。如专家的概念没有一个统一的标准，选择专家时就容易出差错。征询调查表的设计也没有一个固定的方法，致使有些调查表设计太过粗糙。

### 4.2.3 专家意见的统计处理

#### 4.2.3.1 数量和时间答案的处理

当预测结果需要用数据或时间表示时，专家们的回答将是一系列可比较大小的数据或有前后顺序排列的时间。常用中位数和上、下四分位点的方法，处理专家们的答案，求出预测的期望值和时间。

首先，把专家们的回答按从小到大的顺序排列。如：当有 $n$ 个专家时，共有 $n$ 个（包括重复的）答数排列：

$$x_1 \leqslant x_2 \leqslant \cdots \leqslant x_{n-1} \leqslant x_n$$

其中位数按式（4-1）计算：

$$\bar{x} = \begin{cases} x_{k+1} & \text{当 } n = 2k+1 \text{(奇数)} \\ \dfrac{x_k + x_{k+1}}{2} & \text{当 } n = 2k \text{(偶数)} \end{cases} \tag{4-1}$$

式中 $\bar{x}$——中位数；

$x_k$——第 $k$ 个数据；

$x_{k+1}$——第 $k+1$ 个数据；

$k$——正整数。

上四分位点记为 $x_{上}$，其计算公式为

$$x_{上} = \begin{cases} x_{\frac{1}{2}(3k+3)} & \text{当 } n = 2k+1,\ k \text{ 为奇数} \\ \dfrac{x_{\frac{3}{2}k+1} + x_{\frac{3}{2}k+2}}{2} & \text{当 } n = 2k+1,\ k \text{ 为偶数} \\ x_{\frac{1}{2}(3k+1)} & \text{当 } n = 2k,\ k \text{ 为奇数} \\ \dfrac{x_{\frac{3}{2}k} + x_{\frac{3}{2}k+1}}{2} & \text{当 } n = 2k,\ k \text{ 为偶数} \end{cases} \tag{4-2}$$

下四分位点记为 $x_{下}$，其计算公式为

$$x_{下}=\begin{cases} x_{\frac{k+1}{2}} & 当 n=2k+1，k 为奇数 \\ \dfrac{x_{\frac{k}{2}}+x_{\frac{k}{2}+1}}{2} & 当 n=2k+1，k 为偶数 \\ x_{\frac{k+1}{2}} & 当 n=2k，k 为奇数 \\ \dfrac{x_{\frac{k}{2}}+x_{\frac{k}{2}+1}}{2} & 当 n=2k，k 为偶数 \end{cases} \tag{4-3}$$

**例 4-1** 某矿邀请 16 位专家对该矿某事件发生概率进行预测，得 16 个数据，即 $n=16$，$n=2k$，$k=8$ 为偶数。由小到大将所得数据排列见表 4-1。

**表 4-1 事故概率专家预测值**

| $n$ | 1 | 2 | 3 | 4 | 5 | 6 | 7 | 8 | 9 | 10 | 11 | 12 | 13 | 14 | 15 | 16 |
|---|---|---|---|---|---|---|---|---|---|---|---|---|---|---|---|---|
| 事件发生概率 $P(\times10^{-3})$ | 1.35 | 1.38 | 1.40 | 1.40 | 1.40 | 1.45 | 1.47 | 1.50 | 1.50 | 1.50 | 1.50 | 1.53 | 1.55 | 1.60 | 1.60 | 1.65 |

$k=8$ 为正整数，$n=2k$ 为偶数，则中位数 $\bar{x}$ 为

$$\bar{x}=\frac{1}{2}(x_8+x_{8+1})=\frac{1}{2}\times(1.5+1.5)=1.5$$

由于 $k=8$ 是偶数，由式（4-2）得 $\frac{3}{2}k=12$，$\frac{3}{2}k+1=13$，则上四分位点 $x_{上}$是第 12 个数与第 13 个数得平均值为

$$x_{上4}=\frac{1}{2}(x_{12}+x_{13})=\frac{1}{2}\times(1.53+1.55)=1.54$$

由式（4-3）得 $k/2=4$，$k/2+1=5$，可知下四分位点是第 4 个数与第 5 个数得平均值为

$$x_{下4}=\frac{1}{2}(x_4+x_5)=\frac{1}{2}\times(1.40+1.40)=1.40$$

该事件发生概率期望值为

$$P=\bar{x}\times10^{-3}=1.5\times10^{-3}$$

预测区间：

上限为：$P_{上}=1.54\times10^{-3}$

下限为：$P_{下}=1.40\times10^{-3}$

4.2.3.2 等级比较答案的处理

在邀请专家进行安全预测时，常需要对某些项目的重要性进行排序的要求。如为控制某种危险源，防止形成事故，可采取 a、b、c、d、e 5 种措施；或在分析某一事故原因时，提出 5 种原因，请专家从中选 3 种最有效的措施或最主要的原因，并对其排序。

对这种形式的问题，可采取评分法对应答问题进行处理。当要求对 $n$ 项排序时，首先请各位专家对项目按其重要性排序，被评为第一位的给 $n$ 分；第二位的给 $n-1$ 分；最后一位即第 $n$ 位者给 1 分，然后按式（4–4）和式（4–5）计算各目标的重要程度：

$$s_j = \sum_{i=1}^{n} B_i N_i \quad (j = 1, 2, \cdots, m) \tag{4-4}$$

$$k_j = \frac{s_j}{M\sum_{i=1}^{n} i} \quad (j = 1, 2, \cdots, m) \tag{4-5}$$

式中　$m$——参加比较的目标个数；

$s_j$——第 $j$ 个目标的总得分；

$k_j$——第 $j$ 个目标的得分占比，$\left(\sum_{j=1}^{m} K_j = 1\right)$；

$n$——要求排序的项目个数；

$B_i$——排在第 $i$ 位的项目的得分；

$M$——对问题做出回答的专家人数；

$N_i$——赞同将某项目排在 $i$ 位的人数。

**例 4–2**　某矿井下发生了火灾，不仅造成重大经济损失，而且对矿井安全生产也构成了威胁。为消灭火灾，共提出了 6 个方案（见表 4–2），现请 93 位专家从中选出 3 个方案并对其排序。

**表 4–2　灭火方案**

| 代　号 | 内　容 |
|---|---|
| a | 密闭火区，利用风压平衡法控制漏风 |
| b | 密闭火区，向火区内注水 |
| c | 密闭火区，向火区内注泥浆 |
| d | 密闭火区，向火区内注氮气 |
| e | 密闭火区，向火区内注凝胶 |
| f | 密闭火区，利用风压平衡法控制漏风并向火区注浆 |

将表 4–2 中 a 项排在第一、二、三位的专家分别为 71，15，2 人，即 $N_1 = 71$，$N_2 = 15$，$N_3 = 2$。要求从提出的方案中选 3 项，即 $n = 3$，因此被排在第一、二、三位项目的得分应为：$B_1 = 3$，$B_2 = 2$，$B_3 = 1$。于是得：

$$s_a = \sum_{1}^{3} B_i N_i = 3 \times 71 + 2 \times 15 + 1 \times 2 = 245$$

$$k_a = \frac{s_a}{M\sum_{i=1}^{n}} = \frac{245}{93 \times (1 + 2 + 3)} = 0.44$$

用同样的方法处理其他项目，所得结果见表 4–3 所示。

表 4-3 处理结果

| $s_i$项目得分 | $s_a=245$ | $s_b=36$ | $s_c=65$ | $s_d=5$ | $s_e=31$ | $s_f=168$ |
|---|---|---|---|---|---|---|
| $k_j$项得分比重 | $k_a=0.44$ | $k_b=0.07$ | $k_c=0.12$ | $k_d=0.01$ | $k_e=0.06$ | $k_f=0.30$ |
| 项目得分比重排序 | Ⅰ | Ⅳ | Ⅲ | Ⅵ | Ⅴ | Ⅱ |

通过比较各项目得分占比 $k_j$，认为应采取的措施及其顺序为：a，f，c。

# 4.3 时间序列预测法

时间序列预测法是指利用观察或记录到的一组按时间顺序排列起来的数字序列，分析他们的变化方向和程度，从而对下一时期或以后若干时期可能达到的水平进行预测。时间序列预测法的基本思想是把时间序列作为一个随机应变量序列的一个样本，用概率统计法尽可能减少偶然因素的影响，或消除季节性、周期性变动的影响，通过分析时间序列的趋势进行预测。

## 4.3.1 滑动平均法

一般情况下，可以认为未来的状况与较近时期的状况有关。根据这一假设，可采用与预测期相邻的几个数据的平均值，随着预测期向前滑动，相邻的几个数据的平均值也向前滑动作为滑动预测值。

假定未来的状况与过去 3 个月的状况关系较大，而与更早的情况联系较少，因此可用过去 3 个月的平均值作为下个月的预测值，经过平均后，可以减少偶然因素的影响。平均值可用式（4-6）计算：

$$\bar{x}_{t+1}=\frac{x_t+x_{t-1}+x_{t-2}}{3} \tag{4-6}$$

作为 $x_{t+1}$ 的预测值，不仅可用 3 个月的滑动平均值来预测，也可用更多月份的滑动平均值来预测，计算式为

$$\bar{x}_{t+1}=\frac{x_t+x_{t-1}+\cdots+x_{t-(t-1)}}{t} \tag{4-7}$$

式中 $\bar{x}_{t+1}$——预测值；

$t$——时间单位数；

$x$——实际数据。

也可以用连加符号把式（4-7）归纳为：

$$\bar{x}_{t+1}=\frac{1}{t}\sum_{i=0}^{t-1}x_{t-i} \tag{4-8}$$

在这一方法中，对各项不同时期的实际数据是同等看待的。但实际上距离预测期较近的数据与较远的数据，它们的作用是不等的，尤其在数据变化较快的情况下更应该考虑到这一点。

为了克服上述缺点，可采用加权滑动平均法来缩小预测偏差。加权滑动平均法根据距离预测期的远近、预测对象的不同情况，给各期的数据以不同的权数，把求得的加权平均

数作为预测值。例如，在计算 3 个月的加权滑动平均值时，分别以权数 3，2，1 计算预测值，为

$$\bar{x}_{t+1}=\frac{3x_t+2x_{t-1}+x_{t-2}}{6} \tag{4-9}$$

用任意几个月，给予其他权数来计算加权滑动平均值，其式为：

$$\bar{x}_{t+1}=\frac{c_t\,x_t+c_{t-1}\,x_{t-1}+\cdots+c_{t-(t-1)}\;cx_{t-(t-1)}}{c_t+c_{t-1}+\cdots+c_{t-(t-1)}} \tag{4-10}$$

式中　$c_t$ ——各期的权数；

$x_t$ ——各期的实际数据。

由式（4-8）和式（4-10）可得

$$\bar{x}_{t+1}=\frac{\sum_{i=0}^{t-1}c_{t-i}x_{t-i}}{\sum_{i=0}^{t-1}c_{t-i}} \tag{4-11}$$

### 4.3.2　指数滑动平均法

指数滑动平均法是滑动平均法的改进，它既有滑动平均法的优点，又减少了数据的存储量，应用方便。

指数滑动平均法的基本思想是把时间序列看作一个无穷的序列，即 $x_t$，$x_{t-1}$，…，$x_{t-i}$。把 $\bar{x}_{t+1}$ 看作是这个无穷序列的一个函数，即

$$\bar{x}_{t+1}=a_0\,x_t+a_1\,x_{t-1}+\cdots+a_i\,x_{t-i}$$

为了在计算中使用单一的权数，并且使权数之和等于 1，即 $\sum_{i=0}^{+\infty}a_i=1$

令：$a_0=a$，$a_k=a\,(1-a)^k$，$k=1$，2，…$n$。当 $0<a<1$ 时，则

$$\sum_{i=0}^{+\infty}a_i=a+a(1-a)+a(1-a)^2+\cdots+a(1-a)^i=a\frac{1}{a}=1$$

这样，应用指数滑动平均法得到的预测值 $\bar{x}_{t+1}$ 为

$$\begin{aligned}\bar{x}_{t+1}&=ax_t+a(1-a)\,x_{t-1}+a\,(1-a)^2\,x_{t-2}+\cdots+a\,(1-a)^i\,x_{t-i}\\&=ax_t+(1-a)[ax_{t-1}+a(1-a)\,x_{t-2}+\cdots+a(1-a)\,x_{t-i}]\\&=ax_t+(1-a)\,\bar{x}_t\end{aligned} \tag{4-12}$$

即预测值=平滑系数×前期实际值+(1-平滑系数)×前期预测值

整理式（4-12）可得：

$$\bar{x}_{t+1}=\bar{x}_t+a(x_t-\bar{x}_t) \tag{4-13}$$

即预测值=前期预测值+平滑系数×（前期实际值-前期预测值）

由此可见，指数滑动平均法得到的预测值 $\bar{x}_{t+1}$ 是上一时期的实际值 $x_t$ 和预测值 $\bar{x}_t$ 的加权平均而得的，或者是上一时期的预测值 $\bar{x}_t$ 加上实际与预测值的偏差的修正值而得。

平滑系数 $a$ 的选择：

（1）当时间序列呈稳定的水平趋势时，$a$ 应取较小值，如 0.1~0.3；

（2）当时间序列波动较大，长期趋势变化的幅度较大时，应取中间值，如 0.3~0.5；

（3）当时间序列具有明显地上升或下降趋势时，$a$ 应取较大值，如0.6~0.8。

在实际应用中，可取若干个 $a$ 值进行试算比较，选择预测误差最小的 $a$ 值。

# 4.4 回归分析法

要准确地预测，就必须研究事物的因果关系。回归分析法就是一种从事物变化的因果关系出发的预测方法。它利用数理统计原理在大量统计数据的基础上通过寻求数据变化规律来推测、判断和描述事物未来的发展趋势。

事物变化的因果关系可用一组变量来描述，即自变量与因变量之间的关系，一般可以分为两大类。一类是确定关系，它的特点是，自变量为已知时就可以准确地求出因变量，变量之间的关系可用函数关系确切地表示出来；另一类是相关关系，或称为非确定关系，它的特点是，虽然自变量与因变量之间存在密切的关系，却不能由一个或几个自变量的数值准确地求出因变量，在变量之间往往没有准确的数学表达式，但可以通过观察应用统计方法，大致地或平均地说明自变量与因变量之间的统计关系。回归分析法正是根据这种相互关系建立回归方程的。

在具体研究变量之间的相关关系时，回归分析法一般分为两个步骤。

（1）根据实验或观察数据，绘制散点图，大体确定变量之间的相关关系。

（2）根据散点图初步确定相关关系方程表达式的类型，建立经验回归方程，从而对变量之间的关系程度进行精确的计算与分析。

回归分析预测法分为一元回归和多元回归，本节仅介绍一元线性回归法和一元非线性回归法。

## 4.4.1 一元线性回归法

比较典型的回归法是一元线性回归法，它是根据自变量 $x$ 与因变量 $y$ 的相互关系，用自变量的变动来推测因变量变动的方向和程度，其基本方程式是

$$y = a + bx \tag{4-14}$$

式中 $y$——因变量；

$x$——自变量；

$a$，$b$——回归系数。

进行一元线性回归，应首先收集事故数据，并在以时间为横坐标的坐标系中，画出各个相对应的点，根据图中各点的变化情况，就可以大致看出事故变化的某种趋势，然后进行计算，求出回归直线。

回归系数 $a$，$b$ 是根据统计的事故数据，通过以下方程组来决定的。

$$\begin{cases} \sum y = na + b\sum x \\ \sum xy = a\sum x + b\sum x^2 \end{cases} \tag{4-15}$$

式中 $x$——自变量，为时间序号；

$y$——因变量，为事故数据；

$n$——事故数据总数。

解上述方程组得：

$$\begin{cases} a = \dfrac{\sum x \sum xy - \sum x^2 \sum y}{(\sum x)^2 - n\sum x^2} \\[2ex] b = \dfrac{\sum x \sum y - n\sum xy}{(\sum x)^2 - n\sum x^2} \end{cases} \tag{4-16}$$

$a$ 和 $b$ 确定之后就可以得到坐标系中的回归曲线。

在回归分析中，为了了解回归直线对实际数据变化趋势符合程度的大小，还应求出相关系数 $r$。计算公式为：

$$r = \frac{L_{xy}}{\sqrt{L_{xx}L_{xy}}} \tag{4-17}$$

式中，$L_{xy} = \sum xy - \frac{1}{n}\sum x \sum y$；$L_{xx} = \sum x^2 - \frac{1}{n}(\sum x)^2$；$L_{yy} = \sum y^2 - \frac{1}{n}(\sum y)^2$。

相关系数 $r=1$ 时，说明回归直线与实际数据的变化趋势完全相符；$r=0$ 时，说明 $x$ 与 $y$ 之间完全没有线性关系。在大部分情况下，$0<|r|<1$。这时，就需要判别变量 $x$ 与 $y$ 之间有无密切的线性相关关系。一般来说，$r$ 越接近 1，说明 $x$ 与 $y$ 之间存在着的线性关系越强，用线性回归方程来描述这两者的关系就越合适，利用回归方程求得的预测值就越可靠。一般情况下，当 $|r|>0.8$ 时，认为两个变量基本符合线性相关性，当 $|r|>0.9$ 时，认为两个变量有很强的线性相关性。

**例 4-3**　表 4-4 为某单位近 10 年来安全生产事故伤亡人数的统计数据，用一元线性回归法预测事故的发展趋势。

**表 4-4　某单位近 10 年来安全生产事故伤亡人数统计**

| 时间顺序 $x$ | 伤亡人数 $y$ | $x^2$ | $xy$ | $y^2$ |
|---|---|---|---|---|
| 1 | 23 | 1 | 23 | 529 |
| 2 | 22 | 4 | 44 | 484 |
| 3 | 18 | 9 | 54 | 324 |
| 4 | 16 | 16 | 64 | 256 |
| 5 | 16 | 25 | 80 | 256 |
| 6 | 15 | 36 | 90 | 225 |
| 7 | 17 | 49 | 119 | 289 |
| 8 | 10 | 64 | 80 | 100 |
| 9 | 11 | 81 | 99 | 121 |
| 10 | 7 | 100 | 70 | 49 |
| $\sum x = 55$ | $\sum y = 155$ | $\sum x^2 = 385$ | $\sum xy = 723$ | $\sum y^2 = 2633$ |

**解**：首先，根据伤亡人数的统计数值绘制散点图，得出伤亡人数与时间的关系为直线关系。然后，求出参数 $a$，$b$。即

$$a=\frac{\sum x\sum xy-\sum x^2\sum y}{(\sum x)^2-n\sum x^2}=\frac{55\times 723-385\times 155}{55^2-10\times 385}=24.133$$

$$b=\frac{\sum x\sum y-n\sum xy}{(\sum x)^2-n\sum x^2}=\frac{55\times 155-10\times 723}{55^2-10\times 385}=-1.5697$$

回归直线的方程为 $y=-1.5697x+24.133$

将表 4-4 中有关数据代入式（4-17），得

$$L_{xy}=\sum xy-\frac{1}{n}\sum x\sum y=723-\frac{1}{10}\times 55\times 155=-129.5$$

$$L_{xx}=\sum x^2-\frac{1}{n}\left(\sum x\right)^2=385-\frac{1}{10}\times 55^2=82.5$$

$$L_{yy}=\sum y^2-\frac{1}{n}\left(\sum y\right)^2=2633-\frac{1}{10}\times 155^2=230.5$$

所以，$r=\frac{L_{xy}}{\sqrt{L_{xx}L_{yy}}}=\frac{-129.5}{\sqrt{82.5\times 230.5}}=-0.94$

$|r|=0.94>0.9$，说明两个变量有很强的线性相关性。

### 4.4.2 一元非线性回归方法

在回归分析法中，除了一元线性回归法外，还有一元非线性回归分析法、多元线性回归分析法及多元非线性回归分析法等。非线性回归分析方法是通过一定的变换，将非线性问题转化为线性问题，然后利用线性回归的方法进行回归分析。下面以非线性回归曲线中的指数函数为例，介绍非线性回归方法的应用。

（1）$y=ae^{bx}$。

令：$y'=\ln y$，$a'=\ln a$

则有

$$y'=a'+bx \tag{4-18}$$

$y'=a'+bx$ 曲线如图 4-2 所示。

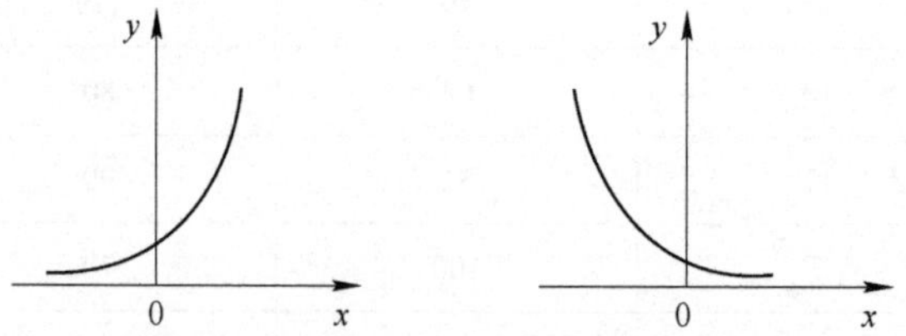


图 4-2　$y'=a'+bx$ 曲线

(2) $y = ae^{\frac{b}{x}}$。

令: $y' = \ln y$, $x' = \frac{1}{x}$, $a' = \ln a$

则有

$$y' = a' + bx' \tag{4-19}$$

$y' = a' + bx'$ 曲线如图 4-3 所示。

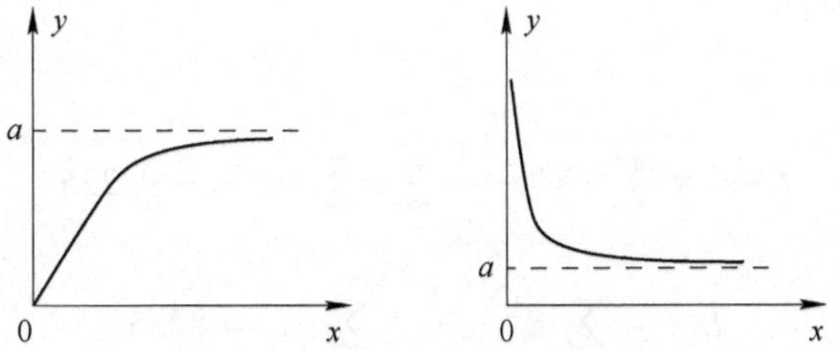


图 4-3 $y' = a' + bx'$ 曲线

**例 4-4** 表 4-5 为某单位近 10 年来安全生产事故伤亡人数的统计数据，以一元非线性回归法中的指数函数为例预测事故的发展趋势。

**表 4-5 某单位近 10 年来安全生产事故伤亡人数统计**

| 时间顺序 $x$ | 伤亡人数 $y$ | $y' = \ln y$ | $x^2$ | $xy'$ | $y'^2$ |
|---|---|---|---|---|---|
| 1 | 23 | 3.13 | 1 | 3.13 | 9.80 |
| 2 | 22 | 3.09 | 4 | 6.18 | 9.55 |
| 3 | 18 | 2.89 | 9 | 8.67 | 8.35 |
| 4 | 16 | 2.77 | 16 | 11.08 | 7.67 |
| 5 | 16 | 2.77 | 25 | 13.85 | 7.67 |
| 6 | 15 | 2.7 | 36 | 16.2 | 7.29 |
| 7 | 17 | 2.83 | 49 | 19.81 | 8.01 |
| 8 | 10 | 2.3 | 64 | 18.4 | 5.29 |
| 9 | 11 | 2.39 | 81 | 21.51 | 5.71 |
| 10 | 7 | 1.94 | 100 | 19.4 | 3.76 |
| $\sum x = 55$ | $\sum y = 155$ | $\sum y' = 26.81$ | $\sum x^2 = 385$ | $\sum xy' = 138.23$ | $\sum y'^2 = 73.1$ |

对 $y = ae^{bx}$ 两边取自然对数得:

$$\ln y = \ln a + bx$$

令: $y' = \ln y$, $a' = \ln a$

则: $y' = a' + bx$

用一元线性回归方程计算公式得:

$$a' = \frac{\sum x \sum xy' - \sum x^2 \sum y'}{\left(\sum x\right)^2 - n\sum x^2} = \frac{55 \times 138.23 - 385 \times 26.81}{55^2 - 10 \times 385} \approx 3.296$$

$$b = \frac{\sum x \sum y' - n\sum xy'}{\left(\sum x\right)^2 - n\sum x^2} = \frac{55 \times 26.81 - 10 \times 138.23}{55^2 - 10 \times 385} \approx -0.11$$

因 $a' = \ln a$，所以 $a = e^{a'} = e^{3.296} \approx 27$

故指数回归方程为：$y = 27\,e^{-0.11x}$

求相关系数 $r$：

$$Lxy' = \sum x y' - \frac{1}{n}\sum x \sum y' \approx -9.225$$

$$Lxx = \sum x^2 - \frac{1}{n}\left(\sum x\right)^2 = 82.5$$

$$Ly'y' = \sum y'^2 - \frac{1}{n}\left(\sum y'\right)^2 = 1.22$$

$$r = \frac{Lxy'}{\sqrt{LxxLy'y'}} \approx -0.92$$

$r=-0.92$，说明也可以用指数函数表示两个变量之间的关系。

## 4.5 马尔柯夫链预测法

马尔柯夫预测模型是根据俄国数学家 A. 马尔柯夫（A. Markov）的随机过程理论提出来的，它主要是通过研究系统对象的状态转移概率来进行预测的。作为一种预测技术，马尔柯夫预测模型已广泛应用于各个领域。

若事物未来的发展及演变规律仅受当时状况的影响，即具有马尔柯夫性质，且一种状态转变为另一种状态的规律又是可知的情况下，就可以利用马尔柯夫链的概念进行计算和分析，来预测未来特定时刻的状态。

马尔柯夫链是表征一个系统在变化过程中的特性状态，可用一组随时间进程而变化的变量来描述。如果系统在任何时刻上的状态是随机的，则变化过程是一个随机过程，当时刻 $t$ 变到 $t+1$，状态变量从某个取值变为另一个取值，系统就实现了状态转移。

系统从某种状态转移到各种状态的可能性大小，可用转移概率来描述。假设系统有 $n$ 个状态，所谓状态转移概率，是指由状态 $i$ 转移到状态 $j$ 的概率，记为 $P_{ij}$。$P_{ij}$ 只与 $i$ 和 $j$ 有关，即只与转移前后的状态有关，这个概率也称为马尔柯夫链的一步转移概率。若令正常状态为 1，故障状态为 2，则由正常状态转为故障状态的概率可记为 $P_{12}$，正常状态转为正常状态的概率可记为 $P_{11}$。故障状态转移为正常状态的概率可记为 $P_{21}$，故障状态转移为故障状态的概率可记为 $P_{22}$。一步状态转移概率可以用矩阵表示为

$$\boldsymbol{P} = \begin{bmatrix} P_{11} & P_{12} \\ P_{21} & P_{22} \end{bmatrix}$$

则矩阵 $\boldsymbol{P}$ 称为一步状态转移概率矩阵，简称概率矩阵。若系统有 $n$ 个状态，则一步状态转移概率矩阵可表示为

$$\boldsymbol{P} = \begin{bmatrix} P_{11} & P_{12} & \cdots & P_{1n} \\ P_{21} & P_{22} & \cdots & P_{2n} \\ \vdots & \vdots & \vdots & \vdots \\ P_{n1} & P_{n2} & \cdots & P_{nn} \end{bmatrix} \tag{4-20}$$

式中，$0 \leqslant P_{ij} \leqslant 1$，$j=1, 2, \cdots, n$，且 $\sum_{j=1}^{n} P_{ij} = 1$。第 $i$ 行的向量 $\boldsymbol{p}_i = (p_{i1}, p_{i2}, \cdots, p_{in})$ 称为概率向量。

已知，初始状态向量为：$\boldsymbol{S}^{(0)} = [S_1^{(0)}, S_2^{(0)}, S_3^{(0)}, \cdots, S_n^{(0)}]$

一次转移向量 $\boldsymbol{S}^{(1)}$ 为

$$\boldsymbol{S}^{(1)} = \boldsymbol{S}^{(0)} P \tag{4-21}$$

二次转移向量 $\boldsymbol{S}^{(2)}$ 为

$$\boldsymbol{S}^{(2)} = \boldsymbol{S}^{(1)} \boldsymbol{P} = \boldsymbol{S}^{(0)} \boldsymbol{P}^2 \tag{4-22}$$

类似的，

$$\boldsymbol{S}^{(k+1)} = \boldsymbol{S}^{(0)} \boldsymbol{P}^{(k+1)} \tag{4-23}$$

**例 4-5** 某单位对 1250 名接触硅尘人员进行健康检查时，发现职工的健康状况分布见表 4-6。

**表 4-6 本年度接尘职工健康状况**

| 健康状况 | 健康 | 疑似硅肺 | 硅肺 |
|---|---|---|---|
| 代表符号 | $S_1^{(0)}$ | $S_2^{(0)}$ | $S_3^{(0)}$ |
| 人数 | 1000 | 200 | 50 |

根据资料统计，前年到去年各种健康人员的变化情况如下：

健康人员继续保持健康者有 70%，有 20%变为疑似硅肺，10%的人被定为硅肺，即

$$P_{11} = 0.70, \ P_{12} = 0.20, \ P_{13} = 0.10$$

原有疑似硅肺者一般不可能恢复为健康者，仍保持原状者为 80%，有 20%被正式定为硅肺，即

$$P_{21} = 0, \ P_{22} = 0.8, \ P_{23} = 0.2$$

硅肺患者一般不可能恢复为健康或返回疑似硅肺，即

$$P_{31} = 0, \ P_{32} = 0, \ P_{33} = 1$$

状态转移概率矩阵为：

$$\boldsymbol{P} = \begin{bmatrix} 0.7 & 0.2 & 0.1 \\ 0 & 0.8 & 0.2 \\ 0 & 0 & 1 \end{bmatrix}$$

试预测来年接尘人员的健康状况。

**解：** 一次转移向量

$$S^{(1)} = S^{(0)}P = [S_1^{(0)},\ S_2^{(0)},\ S_3^{(0)}]\begin{bmatrix} P_{11} & P_{12} & P_{13} \\ P_{21} & P_{22} & P_{23} \\ P_{31} & P_{32} & P_{33} \end{bmatrix}$$

$$= [1000 \quad 200 \quad 50]\begin{bmatrix} 0.7 & 0.2 & 0.1 \\ 0 & 0.8 & 0.2 \\ 0 & 0 & 1 \end{bmatrix}$$

一年后健康者人数 $S_1^{(1)}$ 为

$$S_1^{(1)} = [S_1^{(0)},\ S_2^{(0)},\ S_3^{(0)}]\begin{bmatrix} P_{11} \\ P_{21} \\ P_{31} \end{bmatrix} = [1000 \quad 200 \quad 50]\begin{bmatrix} 0.7 \\ 0 \\ 0 \end{bmatrix}$$

$$= 1000 \times 0.7 + 200 \times 0 + 50 \times 0 = 700$$

一年后疑似硅肺人数 $S_2^{(1)}$ 为

$$S_2^{(1)} = [S_1^{(0)},\ S_2^{(0)},\ S_3^{(0)}]\begin{bmatrix} P_{12} \\ P_{22} \\ P_{32} \end{bmatrix} = [1000 \quad 200 \quad 50]\begin{bmatrix} 0.2 \\ 0.8 \\ 0 \end{bmatrix}$$

$$= 1000 \times 0.2 + 200 \times 0.8 + 50 \times 0 = 360$$

一年后硅肺患者人数 $S_3^{(1)}$ 为

$$S_3^{(1)} = [S_1^{(0)},\ S_2^{(0)},\ S_3^{(0)}]\begin{bmatrix} P_{13} \\ P_{23} \\ P_{33} \end{bmatrix} = [1000 \quad 200 \quad 50]\begin{bmatrix} 0.1 \\ 0.2 \\ 1 \end{bmatrix}$$

$$= 1000 \times 0.1 + 200 \times 0.2 + 50 \times 1 = 190$$

预测结果表明，该单位硅肺患者增长速度快，必须立即加强防尘工作和医疗卫生。

## 4.6　灰色系统预测法

1982 年，我国学者邓聚龙教授首次提出灰色系统理论，在国内外引起很大反响。至今，灰色系统理论已经形成了一个横断面大、渗透力强的新兴研究领域，并广泛应用于工业、农业、军事、城建、医学、地学、气象、金融、生态、教育、政法等众多领域，产生了显著的社会效益和经济效益。灰色系统在安全系统中也得到了广泛应用，如城市建设、环境治理、股票投资风险评估、安全预测、安全决策等。

### 4.6.1　灰含义

将内部信息缺乏的客体称为“黑箱”，据此，人们常用颜色的深浅来表示信息的多少。“黑”指信息缺乏；“白”指信息完全；“灰”指信息部分已知，部分未知，即信息不完全。这就是“灰”的基本含义。在不同场合、不同情况下，“灰色”可以转化和引申为不同的含义。表 4-7 给出了“灰”的不同含义。

表 4-7 “灰”的不同含义

| 研究对象 | 白 | 黑 | 灰 |
|---|---|---|---|
| 从表象看 | 明朗 | 黑暗 | 朦胧 |
| 从过程看 | 新 | 旧 | 新旧交替 |
| 从性质看 | 纯 | 不纯 | 多种成分 |
| 从结果看 | 唯一的解 | 无数的解 | 非唯一解 |
| 从态度看 | 严厉 | 放纵 | 宽容 |
| 从方法看 | 肯定 | 否定 | 扬弃 |

还可以列举很多类似的含义，从研究的对象来看，“信息不完整”和“非唯一解”就是“灰”的主要含义。“非唯一解”在预测上体现为预测结果是灰色区间，而不是唯一的一个值，如果适当限制这个区间，则结果会比单个值更为可信，更为合理。

### 4.6.2 灰色系统

客观世界是物质的世界，也是信息的世界。在工程技术、社会、经济、农业、环境、生态、军事等领域，经常会出现信息不完全的情况。如系统因素或参数不完全明确、因素关系不完全清楚、系统结构不完全知道、系统的作用原理不完全明了等。

（1）信息完全明确的系统为白色系统。例如，一个商店可以看作一个系统，在人员、资金、损耗、销售等信息完全明确的情况下，可以算出商店的盈利、库存，可以判断商店的销售态势、资金周转速度等。因此，这个商店可以看成是一个白色系统，是一个没有物理原型的白色系统。一个有电压的电阻是一个系统，当电阻值给定时，电压和电流之间就有明确的关系。这也是一个白色系统，而且是一个具有物理原型的白色系统。

（2）信息完全不明确的系统为黑色系统。例如遥远的某个星球，可以看作是一个系统，虽然知道其存在，但体积多大、质量多少、距离地球多远，这些信息完全不知道。因此，这个星球可以看成是一个黑色系统。

（3）信息部分明确、部分不明确的系统为灰色系统。例如粮食生产系统，肥料、种子、农药、气候、土壤、水利、耕作、政策等都是影响粮食产量的因素，但难以确定全部因素，更难找到肥料、农药等诸因素与粮食产量的映射关系。显然，粮食生产系统是一个没有物理原型的灰色系统。安全系统是一个灰色系统，例如影响某企业年均事故伤亡率的因素，包括人的安全意识、企业领导对安全生产的重视程度等，很难找到这些因素和事故伤亡率的定量映射关系。

### 4.6.3 预测步骤

灰色系统预测法是从灰色系统的建模、关联度及残差辨识的思想出发，获得关于预测的新概念、观点和方法。利用灰色系统理论预测的主要优点是，它通过一系列数据生成方法（直接累加法、移动平均法、加权累加法、遗传因子累加法、自适性累加法等）将根本没有规律的、杂乱无章的或规律性不强的一组原始数据序列变得具有明显的规律性，解决了数学界一直认为不能解决的微积分方程建模问题。

4.6.3.1　GM 模型

灰色理论的微分方程型模型称为 GM 模型（grey model）。一般建模是用数据列建立差分方程。而灰色建模则是用原始数据列作生成处理后建立微分方程。GM(1, N) 表示 1 阶的、N 个变量的微分方程型模型，GM(1, 1) 则是 1 阶的 1 个变量的微分方程型模型。一般常用 GM(1, 1) 模型进行预测。GM(1, 1) 模型的预测步骤如下：

设原始离散数据序列 $x^{(0)}=\{x_1^{(0)}, x_2^{(0)}, \cdots, x_n^{(0)}\}$，其中 $n$ 为序列长度，对其进行一次累加生成处理：

$$x_k^{(1)}=\sum_{j=1}^{k}x_j^{(0)},\ k=1,2,\cdots,n \tag{4-24}$$

则生成序列 $x^{(1)}=\{x_1^{(1)}, x_2^{(1)}, \cdots, x_n^{(1)}\}$ 为基础建立灰色的生成模型：

$$\frac{\mathrm{d}x^{(1)}}{\mathrm{d}t}+ax^{(1)}=u \tag{4-25}$$

称为一阶灰色微分方程，记为 GM（1, 1），式中 $a$，$u$ 为待辨识参数。

设参数向量 $\hat{\boldsymbol{a}}=[au]^{\mathrm{T}}$，$\boldsymbol{y}_n=[x_2^{(0)}, x_3^{(0)}, \cdots, x_n^{(0)}]^{\mathrm{T}}$ 和

$$\boldsymbol{B}=\begin{bmatrix}-(x_2^{(1)}+x_1^{(1)})/2 & 1\\ \vdots & \vdots\\ -(x_n^{(1)}+x_{n-1}^{(1)})/2 & 1\end{bmatrix}$$

则由式（4-26）求得的最小二乘解：

$$\hat{\boldsymbol{a}}=(\boldsymbol{B}^{\mathrm{T}}\boldsymbol{B})^{-1}\boldsymbol{B}^{\mathrm{T}}\boldsymbol{y}_n \tag{4-26}$$

时间响应方程：

$$\hat{x}_{k+1}^{(1)}=\left(x_1^{(1)}-\frac{u}{a}\right)\mathrm{e}^{-ak}+\frac{u}{a} \tag{4-27}$$

离散响应方程：

$$\hat{x}_{k+1}^{(1)}=\left(x_1^{(1)}-\frac{u}{a}\right)\mathrm{e}^{-ak}+\frac{u}{a} \tag{4-28}$$

式中，$x_1^{(1)}=x_1^{(0)}$。

将 $\hat{x}_{k+1}^{(1)}$ 计算值作累减还原，即得到原始数据的估计值：

$$\hat{x}_{k+1}^{(0)}=\hat{x}_{k+1}^{(1)}-\hat{x}_k^{(1)} \tag{4-29}$$

GM(1, 1) 模型的拟合残差中往往还有一部分动态有效信息，可以通过建立残差 GM(1, 1) 模型对原模型进行修正。

4.6.3.2　预测模型的后验差检验

可以用关联度及后验差对预测模型进行检验，下面介绍后验差检验。记 0 阶残差为：

$$\varepsilon_i^{(0)}=x_i^{(0)}-\hat{x}_i^{(0)},\ (i=1,2,\cdots,n) \tag{4-30}$$

式中，$\hat{x}_i^{(0)}$ 是通过预测模型得到的预测值。

残差均值：

$$\bar{\varepsilon}^{(0)}=\frac{1}{n}\sum_{i=1}^{n}\varepsilon_i^{(0)} \tag{4-31}$$

残差方差：

$$s_1^2 = \frac{1}{n}\sum_{i=1}^{n}(\varepsilon_i^{(0)} - \bar{\varepsilon}^{(0)})^2 \tag{4-32}$$

原始数据均值：

$$\bar{x} = \frac{1}{n}\sum_{i=1}^{n}x_i^{(0)} \tag{4-33}$$

原始数据方差：

$$s_2^2 = \frac{1}{n}\sum_{i=1}^{n}(x_i^{(0)} - \bar{x})^2 \tag{4-34}$$

为此可计算后验差检验指标：

后验差比值 $c$：

$$c = s_1 / s_2 \tag{4-35}$$

小误差概率 $P$：

$$P = P\{\,|\varepsilon_i^{(0)} - \bar{\varepsilon}^{(0)}| < 0.6745 s_2\} \tag{4-36}$$

按照上述两指标，可从表 4-8 查出精度检验等级。

**表 4-8　精度检验等级**

| 预测精度等级 | $P$ | $c$ |
|---|---|---|
| 好 | >0.95 | <0.35 |
| 合格 | >0.80 | <0.5 |
| 勉强 | >0.70 | <0.45 |
| 不合格 | ≤0.70 | ≥0.65 |

#### 4.6.3.3　灰色预测举例

**例 4-6**　已知某矿近 9 年来千人负伤率见表 4-9，试用 GM(1，1) 模型对该矿未来两年的千人负伤率进行灰色预测，并对拟合精度进行后验差检验。

**表 4-9　某矿近 9 年来千人负伤率**

| 序号 | 1 | 2 | 3 | 4 | 5 | 6 | 7 | 8 | 9 |
|---|---|---|---|---|---|---|---|---|---|
| 千人负伤率 | 56.165 | 55.65 | 49.525 | 34.585 | 14.405 | 9.525 | 8.970 | 6.475 | 4.110 |

**解**：由表 4-9 可以得到：

$$\boldsymbol{x}^{(0)} = [56.165,\ 55.65,\ 49.525,\ 34.585,\ 14.405,\ \cdots,\ 4.110]$$

$$\boldsymbol{x}^{(1)} = [56.165,\ 111.815,\ 161.34,\ 195.925,\ 210.33,\ \cdots,\ 239.41]$$

故可建立数据矩阵 $\boldsymbol{B}$, $\boldsymbol{y}_n$：

$$\boldsymbol{B} = \begin{bmatrix} -83.99 & 1 \\ -136.5775 & 1 \\ \vdots & \vdots \\ -237.355 & 1 \end{bmatrix}$$

$$\boldsymbol{y}_n = [55.65, 49.525, 34.585, 14.405, 9.525, \cdots, 4.110]^{\mathrm{T}}$$

由式（4-26）得：

$$\hat{\boldsymbol{a}} = \begin{bmatrix} a \\ u \end{bmatrix} = \begin{bmatrix} 0.37285 \\ 93.3336 \end{bmatrix}$$

则 $a$，$u$ 代入式（4-28）可得到：

$$\hat{x}_{k+1}^{(1)} = 250.331 - 194.16\mathrm{e}^{-0.37285k}$$

$$\hat{x}_{k+1}^{(0)} = \hat{x}_{k+1}^{(1)} - \hat{x}_{k}^{(1)}$$

计算结果见表 4-10。

**表 4-10 计算结果**

| 序号 | $x^{(0)}$ | $x^{(1)}$ | 灰色预测 | | |
|---|---|---|---|---|---|
| | | | 灰色预测 $\hat{x}^{(1)}$ | $\hat{x}^{(0)}$ | $\hat{\varepsilon}^{(0)}$ |
| 1 | 56.165 | 56.165 | 56.165 | 56.165 | 0 |
| 2 | 55.65 | 111.815 | 116.594 | 60.429 | -4.779 |
| 3 | 49.525 | 161.34 | 158.215 | 41.621 | 7.904 |
| 4 | 34.585 | 195.925 | 186.883 | 28.668 | 5.917 |
| 5 | 14.405 | 210.33 | 206.628 | 19.745 | -5.34 |
| 6 | 9.525 | 219.885 | 220.228 | 13.60 | -4.075 |
| 7 | 8.970 | 228.825 | 229.595 | 9.367 | -0.397 |
| 8 | 6.475 | 235.30 | 260.047 | 6.452 | 0.023 |
| 9 | 4.110 | 239.41 | 240.491 | 4.444 | -0.334 |
| 10 | | | 243.551 | 3.06 | |
| 11 | | | 245.660 | 2.109 | |

进行后验差检验：

$$\varepsilon_i^{(0)} = x_i^{(0)} - \hat{x}_i^{(0)}, \quad i = 1, 2, \cdots, n$$

$$\bar{\varepsilon}^{(0)} = 0.4408, \quad s_1 = 4.1589$$

$$\bar{x}^{(0)} = 26.60, \quad s_2 = 21.00$$

则 $c = s_1 / s_2 = 0.198 < 0.35$

$$P = P\{|\varepsilon_i^{(0)} - \bar{\varepsilon}^{(0)}| < 0.6745s_2\} = 1 > 0.95$$

对照表 4-8 知，灰色系统预测拟合精度为好，预测结果正确可靠。

## 4.7 本章小结

本章主要介绍了系统安全预测的种类、预测程序和预测的基本原则。介绍了德尔菲预测法、时间序列预测法、回归分析法、马尔柯夫链预测法和灰色系统预测法。灰色系统预测是从灰色系统的建模、关联度及残差辨识的思想出发，获得关于预测的新概念、观点和方法，一般常用 GM（1，1）模型进行预测。

## 复习思考题

4-1 系统安全预测的分类。

4-2 德尔菲预测法的基本程序。

4-3 时间序列预测法与其他预测方法的异同点。

4-4 马尔柯夫链预测法和 GM（1，1）模型预测法的预测步骤。

# 5 系统安全评价

## 5.1 系统安全评价概述

安全评价是安全系统工程的重要组成部分，国外也称为风险评价或危险评价，它是以实现工程、系统安全为目的，应用安全系统工程原理和方法，对工程、系统中存在的危险、有害因素进行辨识与分析，判断工程、系统发生事故和职业危害的可能性及一旦发生事故或职业危害后的严重程度，从而为制定防范措施和管理决策提供科学依据。安全评价既需要安全评价理论的支撑，又需要理论与实际经验的结合，二者缺一不可。

系统安全评价（system safety evaluation）是对已知系统的工艺、装备、控制等诸方面具备的可靠性、安全性进行评定。这种评定是在系统安全分析之后进行的。

安全评价技术起源于20世纪30年代，是随着保险业的发展需要而发展起来的。安全评价技术在20世纪60年代得到了很大的发展，首先应用于美国军事工业，在实践过程中，逐渐发展了系统安全工程的理论和方法，陆续推广到航空、航天、核工业、石油、化工等领域，并不断发展、完善，成为现代安全系统工程的一种新的理论、方法体系，在当今安全科学中占有非常重要的地位。

20世纪80年代初期，安全系统工程引入我国，受到许多大中型生产经营单位和行业管理部门的高度重视。为推动和促进安全评价方法在我国生产经营单位安全管理中的实践和应用，从法律法规和制度层面，将安全评价上升到保障安全生产的基本政策。

### 5.1.1 安全评价的目的和作用

安全评价目的是查找、分析和预测工程、系统、生产经营活动中存在的危险、有害因素及可能导致的危险、危害后果和程度，提出合理可行的安全对策措施，指导危险源监控和事故预防，以达到最低事故率、最少损失和最优的安全投资效益。具体而言，包括以下内容

（1）从计划、设计、建设、生产等全过程中考虑安全技术和管理问题，辨识生产过程中的危险、有害因素。

（2）对危险、有害因素导致事故发生的原因进行分析，寻求控制事故的最优方案。

（3）分析、计算研究对象存在的危险性、导致事故后果的严重程度和频率大小，评价其安全性。

（4）明确系统的危险所在，制定消除和控制危险、有害因素的技术措施和管理措施，降低事故发生的概率。

（5）促进实现安全管理系统化，形成教育训练、日常检查、操作维修、应急处置等完整的安全管理体系。

（6）实现安全技术与管理的标准化和科学化。

安全评价的作用：

（1）可以使系统有效地减少事故和职业危害；

（2）可以系统地进行安全管理；

（3）可以用最少的投资达到最佳安全效果；

（4）可以促进各项安全标准制定和可靠性数据积累；

（5）可以迅速提高安全技术人员业务水平。

### 5.1.2　安全评价分类

根据《安全评价通则》（AQ 8001—2007），安全评价按照实施的阶段分为安全预评价、安全验收评价和安全现状评价三种。

（1）安全预评价。在建设项目可行性研究阶段、工业园区规划阶段或生产经营活动组织实施之前，根据相关的基础资料，辨识与分析建设项目、工业园区、生产经营活动潜在的危险、有害因素，确定其与安全生产法律法规、规章、标准、规范的符合性，预测发生事故的可能性及其严重程度，提出科学、合理、可行的安全对策措施建议，做出安全评价结论的活动。

（2）安全验收评价。在建设项目竣工正式生产运行前或工业园区建设完成后，通过检查建设项目安全设施与主体工程同时设计、同时施工、同时投入生产和使用的情况或工业园区内的安全设施、设备、装置投入生产和使用的情况，检查安全生产管理措施到位情况，检查安全生产规章制度健全情况，检查事故应急救援预案建立情况，审查确定建设项目、工业园区建设满足安全生产法律法规、规章、标准、规范要求的符合性，从整体上确定建设项目、工业园区的运行状况和安全管理情况，做出安全验收评价结论的活动。

（3）安全现状评价。针对生产经营活动中或工业园区内的事故风险、安全管理等情况，辨识与分析其存在的危险、有害因素，审查确定其与安全生产法律法规、规章、标准、规范要求的符合性，预测发生事故或造成职业危害的可能性及其严重程度，提出科学、合理、可行的安全对策和措施建议，做出对安全现状评价结论的活动。安全现状评价既适用于对一个生产经营单位或一个工业园区的评价，也适用于某一特定的生产方式、生产工艺、生产装置或作业场所的评价。

### 5.1.3　安全评价的程序

安全评价程序主要包括：前期准备，辨识与分析危险、有害因素，划分评价单元，定性、定量评价，提出安全对策、措施、建议，做出安全评价结论，编制安全评价报告。具体程序如图 5-1 所示。

（1）前期准备。明确被评价对象，备齐有关安全评价所需的设备、工具，收集国内外相关法律法规、技术标准及工程、系统的技术资料。

（2）辨识与分析危险、有害因素。根据被评价对象的具体情况，辨识和分析危险、有害因素，确定危险、有害因素存在的部位、存在的方式、事故发生的途径及其变化的规律。

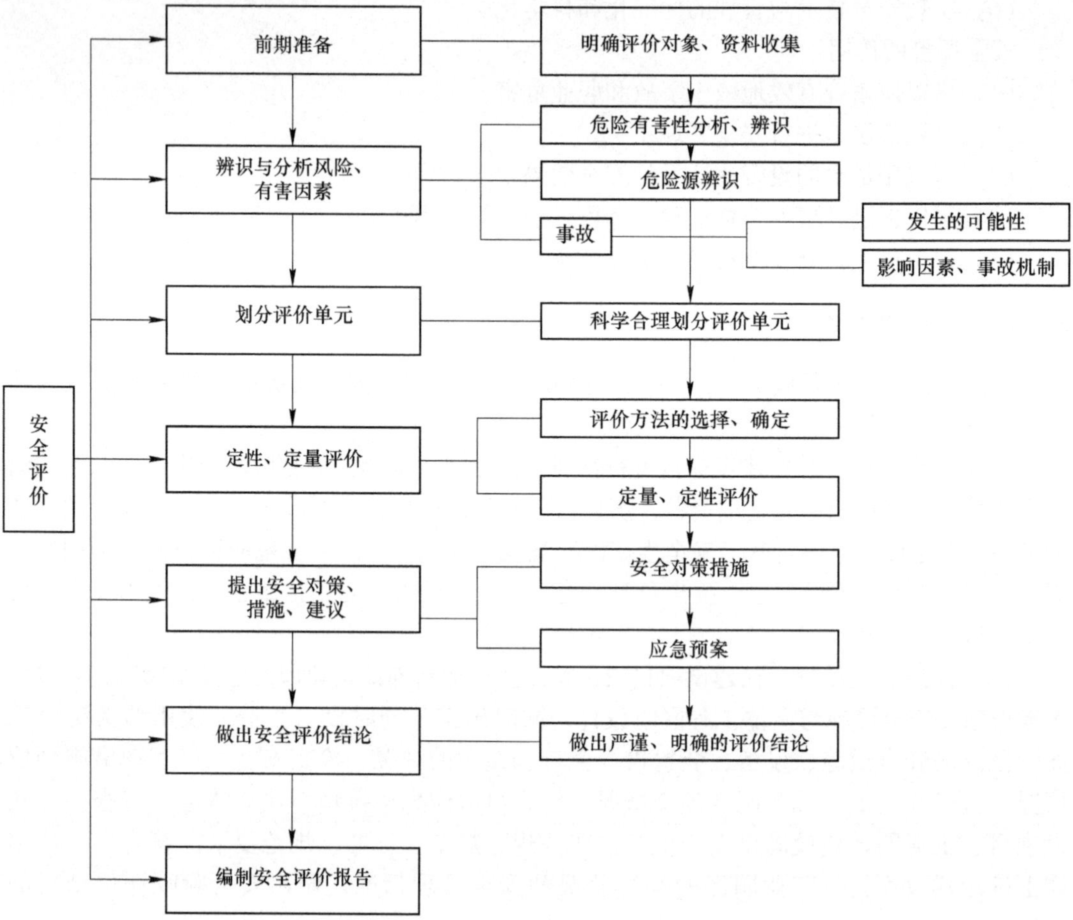


图 5-1 安全评价程序

（3）划分评价单元。在辨识和分析危险、有害因素的基础上，划分评价单元。评价单元的划分应科学、合理，便于实施评价、相对独立且具有明显的特征界限。

（4）定性、定量评价。根据评价单元的特征，选择合理的评价方法，对评价对象发生事故的可能性及其严重程度进行定性、定量评价。

（5）安全对策、措施、建议。依据危险、有害因素辨识结果与定性、定量评价结果，遵循针对性、技术可行性、经济合理性的原则，提出消除或减弱危险、有害因素的技术和管理措施建议。

（6）安全评价结论。根据客观、公正、真实的原则，严谨、明确地做出评价结论。

（7）安全评价报告的编制。依据安全评价的结果编制相应的安全评价报告。安全评价报告是安全评价过程的具体体现和概括性总结；是评价对象完善自身安全管理、应用安全技术等方面的重要参考资料；是由第三方出具的技术性咨询文件，可为政府安全生产管理及安全监察部门、行业主管部门等相关单位对评价对象的安全行为进行法律法规、标准、行政规章、规范的符合性判别所用；是评价对象实现安全运行的技术性指导文件。

# 5.2 作业条件危险性评价法

## 5.2.1 方法介绍

作业条件危险性评价法是美国的 K. J. 格雷厄姆（Kenneth J. Graham）和 G. F. 金尼（Gilben F. Kjnney）研究了人们在具有潜在危险环境中作业的危险性，提出了以所评价的环境与某些作为参考环境的对比为基础，将作业条件的危险性作因变量，事故或危险事件发生的可能性、暴露于危险环境的频率及危险严重程度为自变量，确定了它们之间的函数式。根据实际经验他们给出了 3 个自变量的各种不同情况的分数值，采取对所评价的对象根据情况进行“打分”的办法，然后根据公式计算出其危险性分数值，再按经验在以危险性分数值划分的危险程度等级表或图上，查出其危险程度的一种评价方法。

作业条件危险性评价法认为，对于一个具有潜在危险性的作业条件，影响危险性的主要因素有三个：（1）发生事故或危险事件的可能性；（2）暴露于这种危险环境的情况；（3）事故一旦发生可能产生的后果。

用公式来表示为：

$$D = L \cdot E \cdot C \tag{5-1}$$

式中 $D$——作业条件的危险性；

$L$——事故或危险事件发生的可能性；

$E$——暴露于危险环境的频率；

$C$——发生事故或危险事件的可能结果。

### 5.2.1.1 发生事故或危险事件的可能性

事故或危险事件发生的可能性与其实际发生的概率相关。若用概率来表示时，绝对不可能发生的事件，概率为 0；必然发生的事件，概率为 1。但在考察一个系统的危险性时，绝对不可能发生事故是不确切的，即概率为 0 的情况不确切，所以将实际上不可能发生的情况作为“打分”的参考点，定其分数值为 0.1。此外，在实际生产条件中事故或危险事件发生的可能性范围非常广泛，因而人为地将完全出乎意料、极少可能发生的情况规定为 1；能预料将来某个时候会发生事故的分值规定为 10；在这两者之间再根据可能性的大小相应地确定几个中间值，如将“不常见，但仍然可能”的分值定为 3，“相当可能发生”的分值规定为 6。同样，在 0.1 与 1 之间也插入了与某种可能性对应的分值。于是，将事故或危险事件发生可能性的分值从实际上不可能的事件为 0.1，经过完全意外有极少可能的分值 1，确定到完全会被预料到的分值 10 为止（见表 5-1）。

**表 5-1 事故或危险事件发生可能性分值**

| 分值 | 事故或危险情况发生可能性 | 分值 | 事故或危险情况发生可能性 |
|---|---|---|---|
| 10① | 完全会被预料到 | 0.5 | 可以设想，但高度不可能 |
| 6 | 相当可能 | 0.2 | 极不可能 |
| 3 | 不经常，但可能 | 0.1① | 实际上不可能 |
| 1① | 完全意外，极少可能 | | |

①为“打分”的参考点。

#### 5.2.1.2 暴露于危险环境的频率

众所周知，作业人员暴露于危险作业条件的次数越多、时间越长，则受到伤害的可能性也就越大。为此作业条件危险性评价法规定了连续出现在潜在危险环境的暴露频率分值为 10，一年仅出现几次非常稀少的暴露频率分值为 1，根本不暴露的分值应为 0，但这种情况实际上是不存在的，是没有意义的，因此不必列出。关于暴露于潜在危险环境的分值见表 5-2。

**表 5-2 暴露于潜在危险环境的分值**

| 分值 | 出现于危险环境的情况 | 分值 | 出现于危险环境的情况 |
|---|---|---|---|
| 10① | 连续暴露于潜在危险环境 | 2 | 每月暴露一次 |
| 6 | 逐日在工作时间内暴露 | 1① | 每年几次出现在潜在危险环境 |
| 3 | 每周一次或偶然地暴露 | 0.5 | 非常罕见地暴露 |

①为“打分”的参考点。

#### 5.2.1.3 发生事故或危险事件的可能结果

造成事故或危险事故的人身伤害或物质损失可在很大范围内变化，对工伤事故而言，可以从轻微伤害到许多人死亡，其范围非常宽广。因此作业条件危险性评价法将需要救护的轻微伤害的可能结果分值规定为 1，以此为一个基准点；将造成许多人死亡的可能结果规定为分值 100，作为另一个参考点。在两个参考点 1~100 之间，插入相应的中间值，列出表 5-3 所列的可能结果的分值。

**表 5-3 发生事故或危险事件可能结果的分值**

| 分值 | 可能结果 | 分值 | 可能结果 |
|---|---|---|---|
| 100① | 大灾难，许多人死亡 | 7 | 严重，严重伤害 |
| 40 | 灾难，数人死亡 | 3 | 重大，致残 |
| 15 | 非常严重，一人死亡 | 1① | 引人注目，需要救护 |

①为“打分”的参考点。

#### 5.2.1.4 作业条件的危险性

确定了 5.2.1.1~5.2.1.3 节三个具有潜在危险性的作业条件的分值，并按公式进行计算，即可得危险性分值。据此，要确定其危险性程度时，则按下述标准进行评定。

由经验可知，危险性分值在 20 以下的环境属低危险性，一般可以被人们接受，这样的危险性比骑自行车通过拥挤的马路去上班之类的日常生活活动的危险性还要低。当危险性分值在 20~70 时，则需要加以注意；危险性分值 70~160 的情况时，则有明显的危险，需要采取措施进行整改；同样，根据经验，当危险性分值在 160~320 的作业条件属高度危险的作业条件，必须立即采取措施进行整改。危险性分值在 320 以上时，则表示该作业条件极其危险，应该立即停止作业直到作业条件得到改善为止。危险性分值详见表 5-4。

表 5-4 危险性分值

| 分值 | 危险程度 | 分值 | 危险程度 |
|---|---|---|---|
| >320 | 极其危险，不能继续作业 | 20~70 | 可能危险，需要注意 |
| 160~320 | 高度危险，需要立即整改 | >20 | 稍有危险，或许可以接受 |
| 70~160 | 显著危险，需要整改 | | |

### 5.2.2 优缺点及适用范围

作业条件危险性评价法评价人们在某种具有潜在危险的作业环境中进行作业的危险程度，该法简单易行，危险程度的级别划分比较清楚、醒目。但是，由于它主要是根据经验来确定 3 个因素的分数值及划定危险程度等级，因此具有一定的局限性。而且它是一种作业条件的局部评价，故不能普遍适用。此外，在具体应用时，还可根据自己的经验、具体情况适当加以修正。

## 5.3 MES 评价法

MES 评价法将风险程度（$R$）表示为 $R=LS$，其中 $L$ 表示事故发生的可能性，$S$ 表示事故后果。人身伤害事故发生的可能性 $L$ 主要取决于人体暴露于危险环境的概率 $E$ 和控制措施的状态 $M$。对于单纯的财产损失事故发生的可能性 $L$，不必考虑暴露问题，只考虑控制措施的状态 $M$。

$M$、$E$、$S$ 的取值参考表 5-5~表 5-7。

表 5-5 控制措施的状态

| 分值 | 控制措施的状态（$M$） |
|---|---|
| 5 | 无控制措施 |
| 3 | 有减轻后果的应急措施，包括警报系统 |
| 1 | 有预防措施，如机器防护装置等 |

表 5-6 人体暴露于危险环境的频繁程度

| 分值 | 人体暴露于危险环境的频繁程度（$E$） |
|---|---|
| 10 | 连续暴露 |
| 6 | 每天工作时间暴露 |
| 3 | 每周一次或偶然暴露 |
| 2 | 每月一次暴露 |
| 1 | 每年几次暴露 |

表 5-7　事故后果（$S$）

| 分值 | 伤害 | 职业相关病症 | 设备财产损失 | 环境影响 |
|---|---|---|---|---|
| 10 | 有多人死亡 | 职业病（多人） | >1 亿元 | 有重大环境影响的不可控排放 |
| 8 | 有一人死亡 | | 1000 万~1 亿 | 有中等环境影响的不可控排放 |
| 4 | 永久失能 | 职业病（一人） | 100 万~1000 万 | 有较轻环境影响的不可控排放 |
| 2 | 需医院治疗，不能上班 | 职业性多发病 | 10 万~100 万 | 有局部环境影响的可控排放 |

分级依据见表 5-8。

表 5-8　分级依据：$R=MES$

| 分级 | 有人身伤害的事故（$R$） | 单纯财产损失事故（$R$） |
|---|---|---|
| 一级 | >180 | 30~50 |
| 二级 | 90~150 | 20~24 |
| 三级 | 50~80 | 8~12 |
| 四级 | 20~48 | 4~6 |
| 五级 | <18 | <3 |

MES 评价法的适用范围很广，不受专业的限制，可以看作是它对 LEC 评价方法的改进。

## 5.4　风险指数矩阵评价法

### 5.4.1　风险指数矩阵评价法定义

风险指数矩阵评价法常用来进行定性的风险估算，此评价方法是将决定危险事件风险的两种因素，即危险事件的严重性和危险事件发生的可能性，按其特点相对地划分等级，形成一种风险评价矩阵，并赋以一定的加权值作为定性衡量风险的大小。

### 5.4.2　风险指数矩阵评价法特点

风险指数矩阵评价法的特点为：

（1）优点：操作简单方便，能初步估算出危险事件的风险指数，并能进行风险分级。

（2）缺点：风险指数矩阵评价法中的风险评估指数通常是主观确定的，定性指标有时没有实际意义。

风险等级的划分具有随意性，有时不便于风险的决策。该方法只能定性不能定量。风险指数矩阵评价法在建立职业健康安全管理体系和评价中常常被用到，此方法一般不单独使用，常和预先危险性分析、故障类型及影响性分析、LEC 法等评价方法结合使用。

### 5.4.3　风险指数矩阵评价法评价程序

风险指数矩阵评价法评价程序如下。

（1）由系统、分系统或设备的故障、环境条件、设计缺陷、操作规程不当、人为差错引起的有害后果，将这些后果的严重程度相对地、定性地分为若干级，称为危险事件的严重性分级。通常严重性等级分为四级，见表 5-9。

**表 5-9 危险事件的严重性等级**

| 严重性等级 | 等级说明 | 事故后果说明 |
|---|---|---|
| Ⅰ | 灾难 | 人员死亡或系统报废 |
| Ⅱ | 严重 | 人员严重受伤、严重职业病或系统严重损坏 |
| Ⅲ | 轻度 | 人员轻度受伤、轻度职业病或系统轻度损坏 |
| Ⅳ | 轻微 | 人员伤害程度和系统损坏程度都轻于Ⅲ级 |

（2）把上述危险事件发生的可能性根据其出现的频繁程度相对地定性为若干级，称为危险事件的可能性等级。通常可能性等级分为五级，见表 5-10。

**表 5-10 危险事件的可能性等级**

| 可能性等级 | 说明 | 单个项目具体发生情况 | 总体发生情况 |
|---|---|---|---|
| A | 频繁 | 频繁发生 | 连续发生 |
| B | 很可能 | 在寿命期内会出现若干次 | 频繁发生 |
| C | 有时 | 在寿命期内有时可能发生 | 发生若干次 |
| D | 极少 | 在寿命期内不易发生，但有可能发生 | 不易发生，但有理由可预期发生 |
| E | 不可能 | 极不易发生，以至于可以认为不会发生 | 不易发生 |

（3）将上述危险严重性和可能性等级制成矩阵并分别给以定性的加权指数，形成风险评价指数矩阵，见表 5-11。

**表 5-11 风险评价指数矩阵**

| 可能性等级 | 严重性等级 | | | |
|---|---|---|---|---|
| | Ⅰ（灾难） | Ⅱ（严重） | Ⅲ（轻度） | Ⅳ（轻微） |
| A（频繁） | 1 | 2 | 7 | 13 |
| B（很可能） | 2 | 5 | 9 | 16 |
| C（有时） | 4 | 6 | 11 | 18 |
| D（极少） | 8 | 10 | 14 | 19 |
| E（不可能） | 12 | 15 | 17 | 20 |

矩阵中的加权指数称为风险评估指数，指数从 1～20 是根据危险事件可能性和严重性水平综合而定的，通常将最高风险指数定为 1，相对应的危险事件是频繁发生的并具有灾难性后果的。最低风险指数 20，对应于危险事件几乎不可能发生而且后果是轻微的，数字等级的划分具有随意性，为了便于区别各种风险的档次，需要根据具体评价对象确定风险评价指数。

（4）根据矩阵中的指数确定不同类别的决策结果，确定风险等级，见表 5-12。

**表 5-12 风险等级**

| 风险值（风险指数） | 1～5 | 6～9 | 10～17 | 18～20 |
|---|---|---|---|---|
| 风险等级 | 1 | 2 | 3 | 4 |

（5）根据风险等级确定相应的风险控制措施。一般来说 1 级为不可接受的风险；2 级为不希望有的风险；3 级为需要采取控制措施才能接受的风险；4 级为可接受的风险，需要引起注意。评价人员可以结合企业实际情况，综合考虑风险等级。

### 5.4.4 风险指数矩阵评价法应用实例

针对某油田油气集输站运用风险矩阵评价法进行安全评价，评价结果见表 5-13。

**表 5-13 某油田油气集输站风险评价**

| 序号 | 工序/区域 | 危险描述 | 可能性等级 | 严重性等级 | 风险值 | 风险等级 |
|---|---|---|---|---|---|---|
| 1 | 长输管线 | 输油管线泄漏火灾爆炸 | B | Ⅰ | 2 | 1 |
| 2 | | 坍塌 | C | Ⅰ | 4 | 1 |
| 3 | 配电站 | 触电 | C | Ⅱ | 6 | 2 |
| 4 | 管线中间站 | 阀门泄漏火灾爆炸 | B | Ⅱ | 5 | 1 |
| 5 | | 阀门泄漏油气中毒 | B | Ⅰ | 2 | 1 |
| 6 | | 高处坠落 | D | Ⅱ | 10 | 3 |
| 7 | | 工具坠落物体打击 | C | Ⅲ | 11 | 3 |

## 5.5 指数评价法

指数评价法是用火灾爆炸指数作为衡量一个化工企业安全评价的标准，以物质系数法为基础。

这种方法是根据工厂所用原材料的一般化学性质，结合它们具有的特殊危险性，再加上行工艺处理时的一般和特殊危险性以及量方面的因素，换算成火灾爆炸指数或评点数，然后按指数或评点数划分危险等级，最后根据不同等级确定在建筑结构、消防设备、电气防爆、检测仪表、控制方法等方面的安全要求。

### 5.5.1 美国道化学公司火灾爆炸指数评价法

美国道化学公司自 1964 年开发“火灾、爆炸危险指数评价法”（第一版）以来，不断修改完善，在 1993 年推出了第七版，美国道化学公司火灾爆炸指数评价法以已往的事故统计资料及物质的潜在能量和现行安全措施为依据，以工艺过程中物料的火灾、爆炸潜在危险性为基础，结合工艺条件、物料量等因素求取火灾爆炸指数，进而可求出经济损失的大小，以经济损失评价生产装置的安全性。其目的是：（1）量化潜在火灾、爆炸和反应性事故的预期损失；（2）确定可能引起事故发生或使事故扩大的装置；（3）向有关部门通报潜在的火灾、爆炸危险性；（4）使有关人员及工程技术人员了解到各工艺部门可能造成的损失，以此确定减轻事故严重性和总损失的有效、经济的途径。

评价的基本程序如图 5-2 所示。

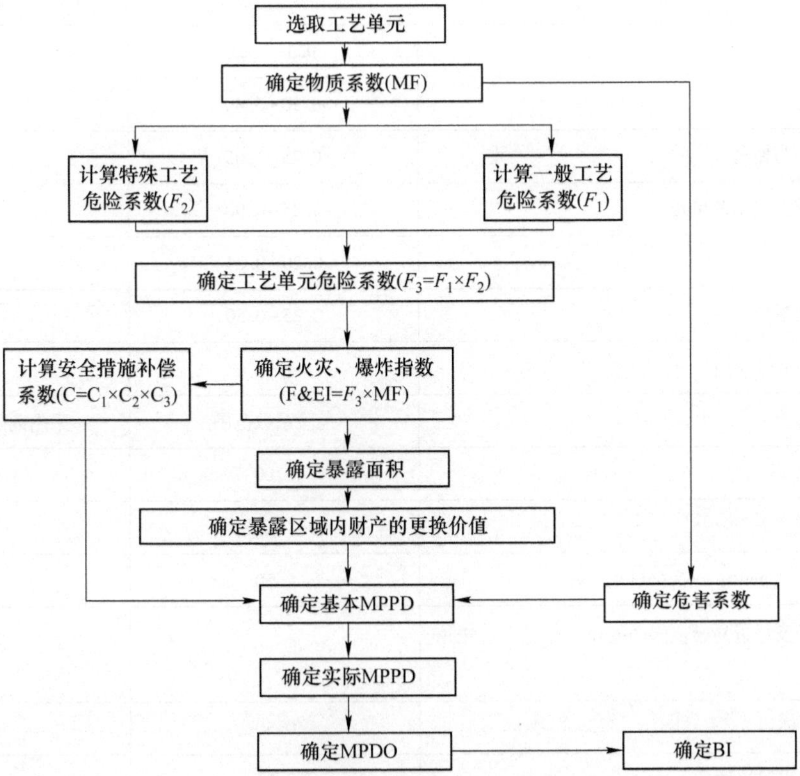


图 5-2 道七版评价程序

在评价之前首先要准备如下资料；

（1）装置或工厂的设计方案；

（2）火灾、爆炸指数危险度分级表；

（3）火灾、爆炸指数计算表（见表 5-14）。

**表 5-14 火灾爆炸指数（F&EI）表**

| | | | |
|---|---|---|---|
| 地区/国家： | 部门： | 场所： | 日期： |
| 位置： | 生产单元： | 工艺单元： | |
| 评价人： | 审定人（负责人）： | | 建筑物： |
| 检查人（管理部）： | 检查人（技术中心）： | | 检查人（安全和损失预防）： |
| 工艺设备中的物料： | | | |
| 操作状态：设计—开车—正常操作—停车 | | 确定 MF 的物质 | |
| 物质系数（附录）（当单元温度超过 60℃时注明） | | | |
| 1. 一般工艺危险 | | 危险系数范围 | 采用危险系数① |
| 基本系数 | | 1.00 | 1.00 |

续表 5-14

| | | |
|---|---|---|
| （1）放热化学反应 | 0.3~1.25 | |
| （2）吸热反应 | 0.20~0.40 | |
| （3）物料处理与输送 | 0.25~1.05 | |
| （4）密闭式或室内工艺单元 | 0.25~0.90 | |
| （5）通道 | 0.20~0.35 | |
| （6）排放和泄漏控制 | 0.25~0.50 | |
| 一般工艺危险系数（$F_1$） | | |
| 2. 特殊工艺危险 | 危险系数范围 | 采用危险系数[①] |
| 基本系数 | 1.00 | 1.00 |
| （1）毒性物质 | 0.2~0.80 | |
| （2）负压（<500mmHg，66.66kPa） | 0.50 | |
| （3）易燃范围及接近易燃范围的操作（惰性化、未惰性化） | | |
| ①罐装易燃液体 | 0.50 | |
| ②过程失常或吹扫故障 | 0.30 | |
| ③一直在燃烧范围内 | 0.80 | |
| （4）粉尘爆炸 | 0.25~2.00 | |
| （5）压力<br>操作压力（绝对压力）（kPa）<br>释放压力（绝对压力）（kPa） | | |
| （6）低温 | 0.20~0.30 | |
| （7）易燃及不稳定物质的质量<br>物质质量（kg）<br>物质燃烧热 $H_c$（J/kg） | | |
| ①工艺中的液体及气体（见图 5-3） | | |
| ②贮存中的液体及气体（见图 5-4） | | |
| ③贮存中的可燃固体及工艺中的粉尘（见图 5-5） | | |
| （8）腐蚀及磨蚀 | 0.10~0.75 | |
| （9）泄漏（接头和填料） | 0.10~1.50 | |
| （10）使用明火设备 | | |
| （11）热油热交换系数 | 0.15~1.15 | |

续表 5-14

| | | |
|---|---|---|
| （12）转动设备 | 0.50 | |
| 特殊工艺危险系数（$F_2$） | | |
| 工艺单元危险系数（$F_1 \times F_2 = F_3$） | | |
| 火灾、爆炸指数（$F_3 \times MF = F\&EI$） | | |

①无危险时系数用0.00。

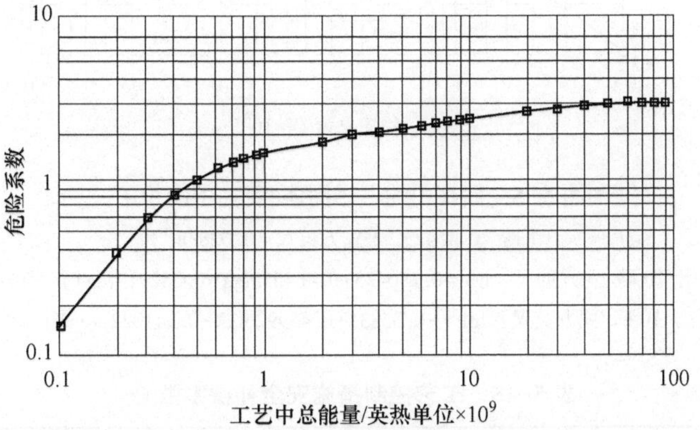


图 5-3　工艺中的液体和气体

（英热单位为非法定计量单位，1英热单位 = $1.055 \times 10^3$ J）

$LgY = 0.17179 + 0.42988 lgX - 0.37244 (lgX)^2 + 0.17712 (lgX)^3 - 0.029984 (lgX)^4$

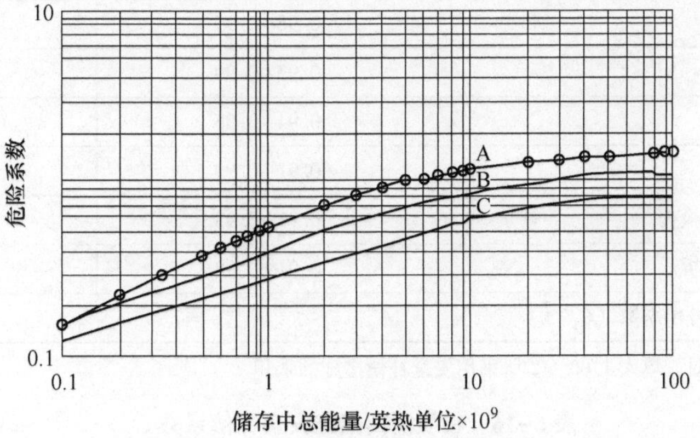


图 5-4　储存的液体和气体

A—液化气：$lgY = 0.289069 + 0.47217 lgX - 0.074585 (lgX)^2 - 0.018641 (lgX)^3$；

B—1类易燃液体（闪点小于37.8℃）：$lgY = -0.403115 + 0.378703 lgX - 0.46402 (lgX)^2 - 0.015379 (lgX)^3$；

C—2类可燃液体（闪点为37.8～60℃）：$lgY = -0.55839 + 0.363321 lgX - 0.057296 (lgX)^2 - 0.010759 (lgX)^3$

（4）安全措施补偿系数表（见表5-15～表5-17）。

安全措施补偿系数主要由工艺控制措施安全补偿系数、物质隔离措施安全补偿系数、防火措施安全补偿系数组成。安全措施补偿系数 $C = C_1 C_2 C_3$。

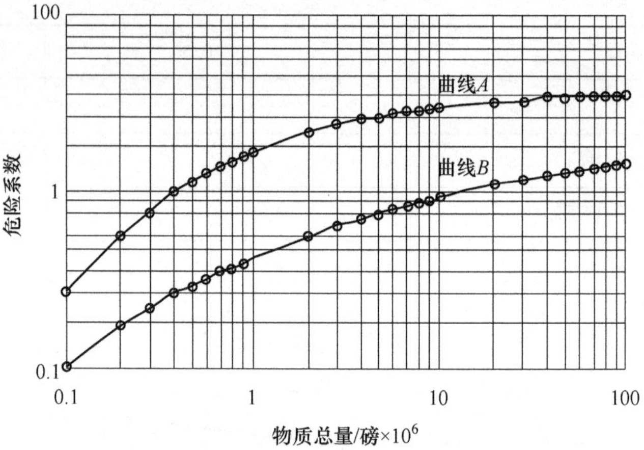


图 5-5 储存中的可燃固体/工艺中的粉尘

（1 磅 = 0.454kg，1 立方英尺 = 0.0283m$^3$）

A—物质密度小于 10 磅/立方英尺：$\lg Y = 0.280423 + 0.464559\lg X - 0.28291(\lg X)^2 + 0.066218(\lg X)^3$；

B—物质密度大于 10 磅/立方英尺：$\lg Y = -0.35831 + 0.459926\lg X - 0.141022(\lg X)^2 + 0.02276(\lg X)^3$

**表 5-15 工艺控制措施安全补偿系数 $C_1$**

| 项　　目 | 补偿系数范围 | 采用补偿系数① |
|---|---|---|
| 1. 应急电源 | 0.98 | |
| 2. 冷却装置 | 0.97~0.99 | |
| 3. 抑爆装置 | 0.84~0.98 | |
| 4. 紧急切断装置 | 0.96~0.99 | |
| 5. 计算机控制 | 0.93~0.99 | |
| 6. 惰性气体保护 | 0.94~0.96 | |
| 7. 操作规程/程序 | 0.91~0.99 | |
| 8. 化学活泼性物质检查 | 0.91~0.98 | |
| 9. 其他工艺危险分析 | 0.91~0.98 | |
| 工艺控制措施安全补偿系数（$C_1$）② | | |

①无安全补偿系数时，填入 1.00。②所采用安全补偿措施的乘积。

**表 5-16 物质隔离措施安全补偿系数 $C_2$**

| 项　　目 | 补偿系数范围 | 采用补偿系数① |
|---|---|---|
| 1. 遥控阀 | 0.96~0.98 | |
| 2. 卸料/排空装置 | 0.96~0.98 | |
| 3. 排放系统 | 0.91~0.97 | |
| 4. 连锁装置 | 0.98 | |
| 物质隔离措施安全补偿系数（$C_2$）② | | |

①无安全补偿系数时，填入 1.00。②所采用安全补偿措施的乘积。

**表 5-17 防火措施安全补偿系数（$C_3$）**

| 项　　目 | 补偿系数范围 | 采用补偿系数① |
|---|---|---|
| 1. 泄漏检测装置 | 0.94~0.98 | |
| 2. 结构钢 | 0.95~0.98 | |
| 3. 消防水供应系统 | 0.94~0.97 | |
| 4. 特殊灭火系统 | 0.91 | |
| 5. 洒水灭火系统 | 0.74~0.97 | |
| 6. 水幕 | 0.97~0.98 | |
| 7. 泡沫灭火装置 | 0.92~0.97 | |
| 8. 手提式灭火器材/喷水枪 | 0.93~0.98 | |
| 9. 电缆防护 | 0.94~0.98 | |
| 防火设施安全补偿系数（$C_3$）② | | |

①无安全补偿系数时，填入 1.00。②所采用安全补偿措施的乘积。

（5）工艺单元风险分析汇总表。

（6）工厂风险分析汇总表。

（7）有关装置的更换费用数据。

在资料准备齐全和充分熟悉评价系统的基础上再按图 5-2 所示的程序进行。

（1）选择工艺（评价）单元。一套生产装置包括许多工艺单元，但计算火灾、爆炸指数时，只评价那些从损失预防角度来看影响比较大的工艺单元，这些单元称为评价单元。工艺单元的划分要根据设备间的逻辑关系。如在氯乙烯单位或二氯乙烷工厂的加热炉或急冷区中可以划分为二氯乙烷预热器、二氯乙烷蒸发器、加热炉、冷却塔、二氯乙烷吸热器和脱焦槽。仓库的整个储存区不设防火墙，可划分为一个单元。选择评价单元时可以从以下几个方面考虑：

1）潜在化学能（物质系数）。

2）工艺单元中危险物质的数量。

3）资金密度（每平方米美元数）。

4）操作压力和操作温度。

5）导致火灾、爆炸事故的历史资料。

6）对装置操作起关键作用的单元，如热氧化器。

一般情况下，这些方面的数值越大，该工艺单元越需要评价。

（2）确定物质系数（MF）。在火灾爆炸指数的计算和其他危险性评价时，物质系数（MF）是最基础的数值，它是表示物质由燃烧或其他化学反应引起的火灾、爆炸中释放能量大小的内在特性。物质系数可由美国消防协会规定的物质可燃性 $N_f$ 和化学活性（或不稳定性）$N_r$。可从表 5-18 中求取，也可根据物质系数表直接查得。

**表 5-18 物质系数确定表**

| 液体、气体的易燃性或可燃性 | NFPA325M/NFPA49 | 反应性或不稳定性 | | | | |
|---|---|---|---|---|---|---|
| | | $N_r=0$ | $N_r=1$ | $N_r=2$ | $N_r=3$ | $N_r=4$ |
| 不燃物 | $N_f=0$ | 1 | 14 | 24 | 29 | 40 |
| F. P. >93. 3℃ | $N_f=1$ | 4 | 14 | 24 | 29 | 40 |
| 37. 8℃<F. P. ≤93. 3℃ | $N_f=2$ | 10 | 14 | 24 | 29 | 40 |
| 22. 8℃≤F. P. ≤37. 8℃或 F. P. <22. 8℃并且 B. P. ≥37. 8℃ | $N_f=3$ | 16 | 16 | 24 | 29 | 40 |
| F. P. <22. 8℃并且 B. P. >37. 8℃ | $N_f=4$ | 21 | 21 | 24 | 29 | 40 |
| 可燃性粉尘或烟雾 | | | | | | |
| $S_{t-1}$（$K_{st}$≤200Pa · m/s） | | 16 | 16 | 24 | 29 | 40 |
| $S_{t-2}$（$K_{st}$=201~300Pa · m/s） | | 21 | 21 | 24 | 29 | 40 |
| $S_{t-3}$（$K_{st}$>300Pa · m/s） | | 24 | 24 | 24 | 29 | 40 |
| 可燃性固体 | | | | | | |
| 厚度大于 40mm 紧密的 | $N_f=1$ | 4 | 14 | 24 | 29 | 40 |
| 厚度小于 40mm 疏松的 | $N_f=2$ | 10 | 14 | 24 | 29 | 40 |
| 泡沫材料、纤维、粉状物等 | $N_f=3$ | 16 | 16 | 24 | 29 | 40 |

注：表中 F. P. 为闭杯闪点；B. P. 为标准温度和压力下的沸点；$S_t$ 为可燃性粉尘等级；$N_f$ 为物质可燃性等级；$N_r$ 为物质化学活泼性（不稳定性）。

表 5-18 中 $N_r$ 值可按下述原则确定：

1）$N_r=0$，燃烧条件下仍能保持稳定的物质。

2）$N_r=1$，加温加压条件下稳定性较差的物质。

3）$N_r=2$，加温加压下易于发生剧烈化学反应变化的物质。

4）$N_r=3$，本身能发生爆炸分解或爆炸反应，但需强引发源或引发前必须在密闭状态下加热的物质。

5）$N_r=4$，在常温常压下自身易于引发爆炸分解或爆炸反应的物质。

（3）计算一般工艺危险系数（$F_1$）。一般工艺危险性是确定事故损害大小的主要因素，共包括 6 项内容，即放热反应、吸热反应、物料处理和输送、封闭单元或内单元、通道、排放和泄漏。一个评价单元不一定每项都包括，要根据具体情况选取恰当的系数，填入表 5-14 中，并将这些危险系数相加，得到单元一般工艺危险系数。

（4）计算特殊工艺危险系数（$F_2$）。特殊工艺危险性是影响事故发生概率的主要因素，共包括 12 项内容，即毒性物质、负压物质、在爆炸极限范围内或其附近的操作、粉尘爆炸、释放压力、低温、易燃和不稳定物质的数量、腐蚀、泄漏、明火设备、热油交换系统、转动设备。每一个评价单元不一定每项都要取值，有关各项按规定求取危险系数。如“易燃和不稳定物质的数量”分 3 种情况确定危险系数：

1）工艺过程中的液体和气体，求出评价单元中可燃或不稳定物质总量后乘以燃烧热 $H_c$（J/kg），得到总热量，然后从图 5-3 中查得危险系数。

2）储存中的液体和气体，求得总燃烧热，由图 5-4 查得危险系数。

3）储存中的可燃固体和工艺过程中的粉尘，则用储存固体总量（kg）或工艺单元中粉尘总量（kg），由图5-5查得危险系数。

将各项取值填入表5-14中，相加后即为单元特殊工艺危险系数。

（5）确定单元危险系数（$F_3$）。单元危险系数（$F_3$）等于一般工艺危险系数（$F_1$）和特殊工艺危险系数（$F_2$）的乘积。

（6）计算火灾、爆炸指数（F&EI）。火灾、爆炸指数用来估算生产过程中事故可能造成的破坏情况，它等于物质系数（MF）和单元危险系数（$F_3$）的乘积。道七版还将火灾、爆炸指数划分成5个危险等级（见表5-19），以便了解单元火灾、爆炸的严重度。

**表5-19　F&EI及危险等级**

| F&EI值 | 危险等级 |
|---|---|
| 1~60 | 最轻 |
| 61~96 | 较轻 |
| 97~127 | 中等 |
| 128~158 | 很大 |
| >159 | 非常大 |

（7）确定暴露面积。用火灾、爆炸指数乘以0.84，即可求出暴露半径$R$（英尺），根据暴露半径计算出暴露区域面积。

（8）确定暴露区域内财产的更换价值。

$$更换价值=原来成本\times 0.82\times 价格增长系数$$

式中，系数0.82是考虑事故发生时有些成本对应的项目不会被破坏或无须更换，如场地平整、道路、地下管线和地基、工程费等。如果更换价值有更精确的计算，这个系数可以改变。

（9）危害系数的确定。危害系数由单元危险系数（$F_3$）和物质系数（MF）按图5-6来确定。如$F_3$数值超过8.0，以8.0来确定危害系数。

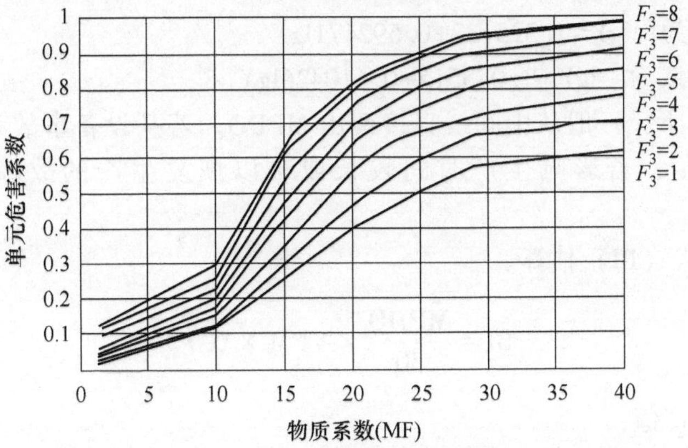


图5-6　单元危害系数计算图

（10）计算最大可能财产损失（基本 MPPD）。确定了暴露区域面积（实际为体积）和危害系数后，就可以计算事故造成的最大可能财产损失。

基本 MPPD=暴露区域的更换价值×危害系数

（11）安全措施补偿系数（$C$）的计算。道七版考虑的安全措施分成 3 类：工艺控制措施（$C_1$）、物质隔离措施（$C_2$）、防火措施（$C_3$）。每一类的具体内容及相应补偿系数见表 5-15~表 5-17，其总的补偿系数是该类中所有选取系数的乘积，$C=C_1C_2C_3$。

（12）确定实际最大可能财产损失（实际 MPPD）。基本最大可能财产损失与安全措施补偿系数的乘积就是实际最大可能财产损失。它表示采取适当的（但不完全理想）防护措施后事故造成的财产损失。

（13）最大可能工作日损失 MPDO。估算最大可能工作日的损失是为了评价停产损失（BI）。最大可能工作日损失的求法：以实际最大可能财产损失值（实际 MPPD），根据图 5-7 即可求出。

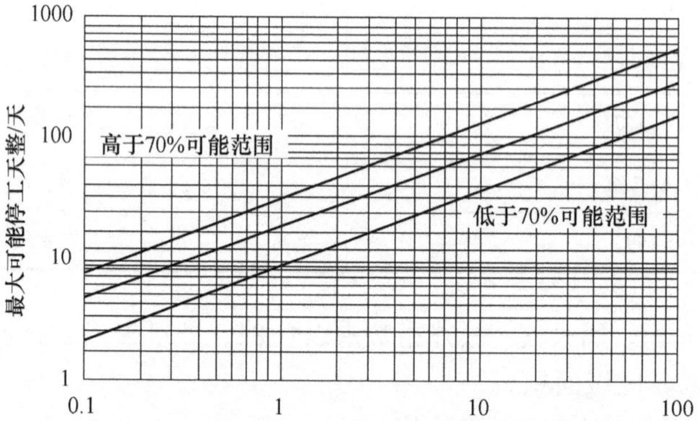


图 5-7 最大可能停工天数（MPDO）计算图

图 5-7 中 MPPD（$X$）与停工日 MPDO（$Y$）之间的方程式为：

上限 70%的斜线为：$\lg Y=1.550233+0.598416\lg X$

正常值的斜线为：$\lg Y=1.325132+0.592471\lg X$

下限 70%的斜线为：$\lg Y=1.045515+0.610426\lg X$

在大多数情况下，一般从中间线直接读出 MPDO。若某设备事故存在备件时，可以取下线（下限）值；若影响生产时间较长或难以恢复生产的故障，就取上线（上限）值。

（14）停产损失（BI）估算。

$$BI=\frac{MPDO}{30}\times VPM\times 0.7 \tag{5-2}$$

式中 VPM——月产值；

0.7——固定成本和利润。

最后根据造成损失的大小确定其安全程度。

### 5.5.2 英国帝国化学公司蒙特法

英国帝国化学公司（ICI）蒙特（Mond）工厂，在美国道化学公司安全评价法的基础上，提出了一个更加全面、更加系统的安全评价法，称为ICI Mond法或英国帝国化学公司蒙特法。

该方法与道化学公司的方法原理相同，都是基于物质系数。在肯定道化学公司的火灾、爆炸危险指数评价法的同时，又在其定量评价基础上对道七版作了重要的改进和扩充。其中在考虑对系统安全的影响因素方面更加全面、更注意系统性，而且注意到在采取措施、改进工艺以后根据反馈的信息修正危险性指数，突出了该方法的动态特性。扩充内容主要有以下几点：

(1) 增加了毒性的概念和计算；

(2) 扩展了某些补偿系数；

(3) 增加了几个特殊工程类型的危险性；

(4) 能对较广范围内的工程及储存设备进行研究。

改进和扩充后的蒙德法（Mond）评价的基本程序如图5-8所示。

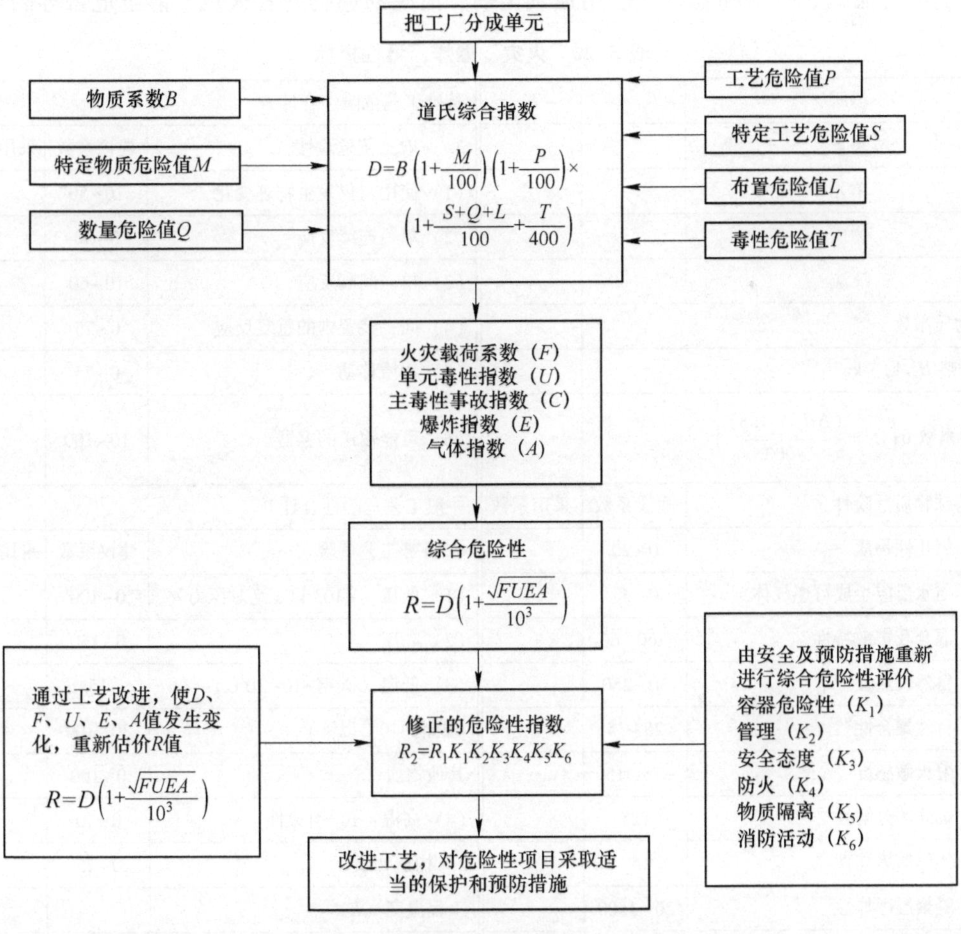


图5-8 DOW/ICI Mond安全评价图

其评价步骤可以归纳为如下 4 个方面：

（1）确定需要评价的单元。根据工厂的实际情况，选择危险性比较大的工艺生产线、车间或工段确定为需要评价的单元或子系统。

（2）计算道氏综合指数 $D$。

$$D = B\left(1 + \frac{M}{100}\right)\left(1 + \frac{P}{100}\right)\left(1 + \frac{S + Q + L}{100} + \frac{T}{400}\right) \tag{5-3}$$

式中 $B$——物质系数，也写作 MF，一般是由物质的燃烧热值计算得来的；

$M$——特殊物质危险值，即 SMH；

$P$——一般工艺危险值，即 GPH；

$S$——特殊工艺危险值，即 SPH；

$Q$——量危险值；

$L$——设备布置危险值；

$T$——毒性危险值。

各项包含的因素及取值见表 5-20。

ICI Mond 法的特殊工艺危险值除包括道氏法中的几项指标外，又增加了腐蚀、接头和垫圈造成的泄漏、振动和基础。使用强氧化剂、泄漏易燃物的着火点、静电危害等因素。

**表 5-20 火灾、爆炸、毒性指标**

| | | | | | |
|---|---|---|---|---|---|
| 场所 | | | 特殊工艺危险性合计 $M$ | | |
| 装置 | | | 3. 一般工艺危险性 | 建议系数 | 采用系数 |
| 单元 | | | （1）使用与仅发生物理变化 | 10~50 | |
| 物质 | | | （2）单一连续反应 | 0~50 | |
| 反应 | | | （3）单一间断反应 | 10~60 | |
| 1. 物质系数 | | | （4）同一装置内的重复反应 | 0~75 | |
| 燃烧热 $H_c$/kJ · kg$^{-1}$ | | | （5）物质移动 | 0~75 | |
| 物质系数 $B\left(B = \frac{(\Delta H_c \times 1.8)}{1000}\right)$ | | | （6）可能输送的容器 | 10~100 | |
| 2. 特殊物质危险性 | 建议系数 | 采用系数 | 一般工艺危险性合计 P | | |
| （1）氧化性物质 | 0~20 | | 4. 特殊工艺危险 | 建议系数 | 采用系数 |
| （2）与水反应生成可燃气体 | 0~30 | | （1）低压（<103 kPa 绝对压力） | 0~100 | |
| （3）混合及扩散特性 | -60~60 | | （2）高压 | 0~150 | |
| （4）自然发热性 | 30~250 | | （3）低温（碳钢-10~10℃） | 15 | |
| （5）自然聚合性 | 25~75 | | （碳钢-10℃以下） | 30~100 | |
| （6）着火敏感度 | -75~150 | | 其他物质 | 0~100 | |
| （7）爆炸的分解性 | 125 | | （4）高温：1）引火性 | 0~40 | |
| （8）气体的爆炸性 | 150 | | 2）构造物质 | 0~25 | |
| （9）凝聚层爆炸性 | 20~1500 | | 工程温度（$K$） | | |
| （10）其他性质 | 0~150 | | （5）腐蚀与侵蚀 | 0~150 | |

续表 5-20

| | | | | | |
|---|---|---|---|---|---|
| (6) 接头与垫圈泄漏 | 0~60 | | 高度 $H$/m | | |
| (7) 振动负荷、循环等 | 0~50 | | 通常作业区域/m² | | |
| (8) 难控制的工程或反应 | 20~300 | | (1) 构造设计 | 0~200 | |
| (9) 在燃烧范围或其附近条件下操作 | 0~150 | | (2) 多米诺效应 | 0~250 | |
| 平均爆炸危险以上 | 40~100 | | (3) 地下 | 0~150 | |
| (10) 粉尘或烟雾的危险性 | 30~70 | | (4) 地面排水沟 | 0~100 | |
| (11) 强氧化剂 | 0~300 | | (5) 其他 | 0~250 | |
| (12) 工程着火敏感度 | 0~70 | | 配置危险性合计 $L$ | | |
| (13) 静电危险性 | 0~200 | | 7. 毒性危险性 | 建议系数 | 采用系数 |
| 特殊工艺危险性合计 S | | | (1) TLV 值 | 0~300 | |
| 5. 量的危险性 | 建议系数 | 采用系数 | (2) 物质类型 | 25~200 | |
| 物质合计/m³ | | | (3) 短期暴露危险性 | -100~150 | |
| 密度 | | | (4) 皮肤吸收 | 0~300 | |
| 量系数 $Q$ | 1~1000 | | (5) 物理性因素 | 0~50 | |
| 6. 配置危险性 | 建议系数 | 采用系数 | 毒性危险性合计 $T$ | | |
| 单元详细配置 | | | | | |

量危险值是生产过程中与物质状态无关的、单元中关键材料的量，以质量表示，这个数值与物质系数中单位质量物质产生的燃烧热或反应热是一致的。

设备布置危险值是指当设备发生事故时，对其临近设备所造成的影响。这种影响有火灾爆炸、设备倒塌、倾覆以及设备喷出的有害物等。其影响大小与设备形状、高度与基础比以及支撑情况有关。毒性危险值是 ICI Mond 法的一个指数。毒性的大小用毒物的阈限值（TLV）表示。在计算时，主要用单元毒性指数即单元中物质的毒性（TLV）和主毒性指数即单元毒性指数乘以量危险值。虽然由毒性造成的事故比较少，但在有爆炸危险的设备内限制毒物的量是必要的。

ICI Mond 法对特殊物质危险值也有明确规定。对一般工艺危险值除道氏法规定的几种外，还有物质输送方式、可移动的容器、特殊工艺危险值包括腐蚀、泄漏、振动、基础、使用高浓度气体氧化剂、着火感度较高的工艺材料及静电危害。设备布置危险值包括结构设计、通风情况、多米诺效应、地下结构、下水道收集溅出的污染物以及厂房与主控制室、办公室的距离等。毒性危险值是由于维修、工艺过程失控、火灾、各种泄漏而引起毒物向外泄漏，关键阈限值、暴露时间、暴露方式、物理因素确定其危险值。

（3）计算综合危险性指数。

$$R = D\left(1 + \frac{\sqrt{FUEA}}{10^3}\right) \tag{5-4}$$

式中 $R$——综合危险性指数；

$F$——火灾荷载系数；

$U$——单元毒性指数；

$E$——爆炸指数；

$A$——空气爆炸指数（易爆物从设备内泄漏到本车间内与空气混合引起爆炸）。

计算综合危险指数后按表5-21判断危险程度。根据火灾荷载判断火灾危险性类别见表5-22。爆炸指数与危险性分类见表5-23。毒性指数分为单元毒性指数 $U$ 和主毒性指数 $C$。$U$ 表示对毒性的影响和有关设备控制监督需要考虑的问题。$C$ 由单元毒性指数 $U$ 乘以量危险值 $Q$ 得到。$Q$ 是毒物的量，$U$ 是单元中毒物得出的指数。毒性指数与危险性分类见表5-24。

**表5-21 $D$ 值与危险程度判断表**

| 道氏综合指数（$D$）范围 | 危险程度 | 道氏综合指数（$D$）范围 | 危险程度 |
|---|---|---|---|
| 0~20 | 缓和 | 90~115 | 极端 |
| 20~40 | 轻微 | 115~150 | 非常严重 |
| 40~60 | 中等 | 150~200 | 可能是灾难性的 |
| 60~75 | 中等偏大 | 200以上 | 高度灾难性的 |
| 75~90 | 大 | | |

**表5-22 火灾荷载与火灾类别判别表**

| 正常工作区的火灾荷载（$kcal \cdot m^{-2}$） | 危险性分类 | 预期火灾持续时间/h | 备注 |
|---|---|---|---|
| 0~1022 | 轻微 | 1/4~1/2 | |
| 1022~2044 | 低 | | 住宅 |
| 2044~4088 | 中等 | 1~2 | 工厂 |
| 4088~8176 | 高 | 2~4 | 工厂 |
| 8176~20440 | 很高 | 4~10 | 占建筑物量大 |
| 20440~40880 | 强烈 | 10~20 | |
| 40880~102200 | 极端 | 20~50 | |
| 102200~204400 | 极端严重 | 50~100 | |

注：火灾荷载是指在一个空间里所有物品包括建筑物装修材料在内的总潜热能。1kcal=4.1868kJ。

**表 5-23　爆炸指数与危险性分类**

| 设备内爆炸指数 | 空气爆炸指数 | 危险性分类 | 设备内爆炸指数 | 空气爆炸指数 | 危险性分类 |
|---|---|---|---|---|---|
| 0~1 | 0~10 | 轻微 | 4~6 | 100~500 | 高 |
| 1~2.5 | 10~30 | 低 | 6 以上 | 500 以上 | 很高 |
| 2.5~4 | 30~100 | 中等 | | | |

**表 5-24　毒性指数与危险性分类**

| 主毒性事故指数 $C$ | 单元毒性指数 $U$ | 危险性分类 | 主毒性事故指数 $C$ | 单元毒性指数 $U$ | 危险性分类 |
|---|---|---|---|---|---|
| 0~20 | 0~1 | 轻微 | 200~500 | 6~10 | 高 |
| 20~50 | 1~3 | 低 | 500 以上 | 10 以上 | 很高 |
| 50~200 | 3~6 | 中等 | | | |

综合危险性指数 $R$ 与危险性分类见表 5-25。在 $R$ 值的计算中，如其中任一影响因素为零，则计算时以 1 计。

**表 5-25　综合危险性指数 $R$ 和危险性分类**

| 综合危险性指数 $R$ | 综合危险性分类 | 综合危险性指数 $R$ | 综合危险性分类 |
|---|---|---|---|
| 1~20 | 缓和 | 1100~2500 | 高（第一类） |
| 20~100 | 低 | 2500~12500 | 很高 |
| 100~500 | 中等 | 12500~65000 | 极端危险 |
| 500~1100 | 高（第二类） | 65000 以上 | 极端严重 |

（4）采取安全措施后对综合危险性重新进行评价。在设计中采取的安全措施分为降低事故率和降低严重度两种，后者是指一旦发生事故可以减轻后果和损失，因此对应于各项安全措施分别给出了抵消系数，使综合危险值指数下降。采取的措施主要有改进容器设计（$K_1$）、加强工艺过程的控制（$K_2$）、安全态度教育（$K_3$）、防火措施（$K_4$）、隔离危险的装置（$K_5$）、消防（$K_6$）等。每项都包括数项安全措施，根据其降低危险所起的作用给予小于 1 的补偿系数。各类安全措施补偿系数等于各项取值之积。安全措施补偿系数见表 5-26。

**表 5-26　安全措施补偿系数**

| 项目 | 用的系数 | 项目 | 用的系数 |
|---|---|---|---|
| 1. 容器危险性 | | （2）安全训练 | |
| （1）压力容器 | | （3）维修及安全程序 | |
| （2）非压力立式储罐 | | 安全态度的合计 $K_3$ = | |
| （3）输送配管：1）设计应变 | | 4. 防火 | |
| 2）接头与垫圈 | | （1）检测结构的防火 | |
| （4）附加的容器及防护堤 | | （2）防火墙、障碍等 | |
| （5）泄漏检查与响应 | | （3）装置火灾的预防 | |
| （6）排放物质的废弃 | | 防火系数乘积的合计 $K_4$ = | |
| 容器系数乘积的合计 $K_1$ = | | 5. 物质隔离 | |
| 2. 工艺管理 | | （1）阀门系统 | |
| （1）警报系统 | | （2）通风 | |
| （2）紧急用电力供给 | | 物质隔离系数乘积的合计 $K_5$ = | |
| （3）工程冷却系统 | | 6. 灭火活动 | |
| （4）惰性气体系统 | | （1）火灾报警 | |
| （5）危险性研究活动 | | （2）手动灭火器 | |
| （6）安全停止系统 | | （3）防火用水 | |
| （7）计算机管理 | | （4）洒水器及水枪系统 | |
| （8）爆炸及不正常反应的预防 | | （5）泡沫及惰性化设备 | |
| （9）操作指南 | | （6）消防队 | |
| （10）装置监督 | | （7）灭火活动的地域合作 | |
| 工艺管理的合计 $K_2$ = | | （8）排烟换气装置 | |
| 3. 安全态度 | | 灭火活动系数乘积的合计 $K_6$ = | |
| （1）管理者参加 | | | |

计算抵消后的综合危险性指数 $R_2$ 的公式为：

$$R_2 = R_1 K_1 K_2 K_3 K_4 K_5 K_6 \tag{5-5}$$

式中 $R_2$——抵消后的综合危险性指数；

$R_1$——通过工艺改进 $D$、$F$、$U$、$E$、$A$ 值发生变化后重新计算的综合危险性指数，其值为：

$$R_1 = D_1\left(\frac{1 + \sqrt{F_1 U_1 E_1 A_1}}{10^3}\right)$$

$K_1$——容器抵消系数（改进压力容器和管道设计标准等）；

$K_2$——工艺控制抵消系数；

$K_3$——安全态度抵消系数（安全法规、安全操作规程的教育等）；

$K_4$——防火措施抵消系数；

$K_5$——隔离危险性抵消系数；

$K_6$——消防协作活动抵消系数。

式中，容器抵消系数包括设备设计、解决泄漏、检测系统、废料处理等因素造成的影响；工艺过程控制措施包括采用报警系统、备用施工电源、紧急冷却系统、情报系统、水蒸气灭火系统、抑爆装置、计算机控制等；安全态度包括企业领导人的态度、维修和安全规程，事故报告制度等；防火措施包括建筑防火、设备防火等；隔离措施包括隔离阀、安全水池、单向阀等；消防活动包括与友邻单位协作，消防器材、灭火系统、排烟装置等。

以上每项措施在 ICI Mond 工厂的火灾爆炸毒性指数技术手册中都列出具体的抵消系数。

通过反复评价，确定经补偿后的危险性降到了可接受的水平，则可以建设或运转装置，否则必须更改设计或增加安全措施，然后重新进行评价，直至达到安全为止。

## 5.6 本章小结

系统安全评价是对已知系统的工艺、装备、控制等诸方面具备的可靠性、安全性进行评定。本章介绍了作业条件危险性评价法、MES 评价法、风险指数矩阵评价法、道化学火灾爆炸指数评价法、英国帝国化学公司蒙特法几种常用的系统安全评价方法。

## 复习思考题

5-1 什么是安全评价？它包括哪些内容？

5-2 作业条件危险性评价法中 L、E、C 的含义。

5-3 MES 评价法和 LEC 评价法的异同。

5-4 美国道化学公司第七版评价法的步骤有哪些？

5-5 英国帝国化学公司蒙特法与道化学公司的火灾爆炸指数评价法的异同。

# 6 系统安全决策

## 6.1 安全决策概述

决策是人们在生产和生活中，以对事物发展规律及主客观条件的认识为依据，寻求并实现某种最佳（最满意）的准则和行动方案而进行的一系列活动。决策有广义、一般和狭义3种解释。

（1）广义决策包括抉择准备、方案优选、方案实施等全过程。

（2）一般决策是人们按照某个准则在若干备选方案中的选择，它包括准备和选择两个阶段的活动。

（3）狭义决策是指做决定或抉择。

### 6.1.1 决策的种类

决策分类方法很多，一般决策问题根据决策系统的约束性与随机性原理（即其自然状态的确定与否）可分为确定型决策和非确定型决策。

#### 6.1.1.1 确定型决策

即是在一种已知的完全确定的自然状态下，选择满足目标要求的最优方案。

确定型决策问题一般应具备4个条件：（1）存在着决策者希望达到的一个明确目标（收益大或损失小）；（2）只存在一个确定的自然状态；（3）存在着可供决策者选择的两个或两个以上的抉择方案；（4）不同的决策方案在确定的状态下益损值（利益或损失）可以计算出来。

#### 6.1.1.2 非确定型决策

当决策问题有两种以上自然状态，哪种可能发生是不确定的，在此情况下的决策称为非确定型决策。

非确定型决策又可分为两类：当决策问题自然状态的概率能确定，即是在概率基础上作决策，但要冒一定的风险，这种决策称为风险型决策。如果自然状态的概率不能确定，即没有任何有关每一自然状态可能发生的信息，在此情况下决策就称为完全不确定型决策。

风险型决策问题通常要具备5个条件：（1）存在着决策者希望达到的一个明确目标；（2）存在着决策者无法控制的两种或两种以上的自然状态；（3）存在着可供决策者选择的两个或两个以上的抉择方案；（4）不同的抉择方案在不同自然状态下的益损值可以计算出来；（5）未来将出现哪种自然状态不能确定，但其出现的概率可以估算出来。

安全决策就是针对生产活动中需要解决的特定安全问题，根据安全标准、规范和要求，运用现代科学技术知识和安全科学的理论与方法，提出各种安全措施方案，经过分析、论证与评价，从中选择最优方案并予以实施的过程。

### 6.1.2 安全决策的基本程序

安全决策与通常的决策过程一样，应按照一定的程序和步骤进行。不同的是，在进行安全决策时，应根据安全问题的特点，确定各个步骤的具体内容。

6.1.2.1 确定目标

决策过程首先需要明确目标，也就是要明确需要解决的问题。对安全而言，从大安全观出发，安全决策所涉及的主要问题就是保证人们的生产安全、生活安全和生存安全，即防止事故发生、消除职业病和改善劳动条件三个基本目标。但是这样的目标所涉及的范围和内容太大了，以至于无法操作，应进一步界定、分解和量化。

例如，生产安全是个总目标，它可以分解为预防事故发生、消除职业病和改善劳动条件。而且，对已分解的目标，还应根据行业不同、现实条件不同（如经济保证、技术水平）、边界约束条件不同区分目标的实现层次和内涵。

又如，生活安全可以分解为个人生活安全、家庭生活安全和社会生活安全，也可以分解为生命安全、财产安全和生活舒适与健康、生存安全；生存安全可以分解为自然灾害、人为灾害，也可分解为生态环境安全、灾害、交通安全以及突发事件（战争、冲突等）。

另外，对于决策目标，应有明确的指标要求；对于技术问题，应有风险率、严重度、一定可靠度下的安全系数，以及事故率、时间域和空间域等具体量化指标；对于难以量化的定性目标，则应尽可能加以具体说明。

6.1.2.2 确定决策方案（制定对策）

在目标确定之后，决策人员应依据科学的决策理论，对要求达到的目标进行调查研究，进行详细的技术设计、预测分析，拟出几个可供选择的方案。

首先，应根据总目标和指标的要求将那些达不到目标基本要求的方案舍弃掉，然后再用加权法或其他数学方法对各个方案进行排序。排在第一位的方案也称为备选决策提案。备选决策提案不一定是最后的决策方案，还需要经过技术评价和潜在问题分析，做进一步的慎重研究。

6.1.2.3 潜在问题或后果分析

对备选决策方案，决策者要向自己提出“假如采用这个方案，将要产生什么样的结果；假如采用这个方案，可能导致哪些不良后果和错误”等问题，从这些可能产生的后果中进行比较，以决定方案的取舍。

对安全问题，考虑其决策方案后果，应特别注意以下3个潜在问题：

（1）人身安全方面。应特别注意有无生命危险，有无造成工伤的危险，有无职业病和后遗症的危险。

（2）人的精神和思想方面。是否会造成人的道德、思想观念的变化，是否会造成人的兴趣爱好和娱乐方式的变化，是否会造成人的情绪和感情方面的变化，是否会加重人的疲劳，带来精神紧张，影响个人导致不安全感或束缚感的产生等。

（3）人的行为方面。能否造成人的生活规律、生活方式变化，以及生活时间的划分等。

6.1.2.4 实施与反馈

决策方案在实施过程中应注意制定实施规划，落实实施机构、人员职责，并及时检查与反馈实施情况，使决策方案在实施过程中趋于完善并达到预期效果。

# 6.2 安全决策的方法

在安全决策中，针对所决策问题的性质、条件风险性大小的不同，可以运用多种方法。本节仅介绍一些常用的方法。

## 6.2.1 ABC 分析法

6.2.1.1 ABC 分析法的基本概念

ABC 分析法又称为 ABC 管理法、主次图法、排列法、巴雷托图等。该方法由巴雷托法则转化而来，其基本含义反映的是“关键的少数与次要的多数”原理，即在社会现象中，少数事物（如10%~20%的事物）对结果有90%的决定作用，而大部分事物只对结果有10%或以下的决定作用。该方法应用在安全管理上，就是反映“许多事故原因中的少数原因带来较大的损失”的规律。按照事故的统计结果，将事故的风险率和严重度进行排序，从而找出危险源或薄弱环节，再采用相应的措施和手段对危险源加以控制，保证安全生产的正常进行。该方法的目的是集中力量解决主要问题，因此在现代安全管理中广为应用。

6.2.1.2 ABC 分析法的分析步骤

利用 ABC 分析法进行决策分析时，其主要步骤如下：

（1）根据事故统计资料，进行数据统计和分析。

（2）计算风险率或严重度等各项指标。

（3）将计算的风险率或严重度等指标值按照从大到小的顺序进行排列。

（4）找出其中主要危险或管理薄弱的环节。

（5）针对不同的危险特性，实行不同的管理方法和控制方法。

6.2.1.3 ABC 分析法的作图原则和分析方法

ABC 分析法常用作图的方式来表示，称为 ABC 图也称巴雷托图，或 ABC 主次图。作图的主要原则和分析方法如下。

（1）在 ABC 图中，以所要分析的事故（或故障）类型，如人的不安全行为、物的不安全状态或管理缺陷等造成的事故（或故障）类型为横坐标，以事故类型的各项指标值，如事故相对频率、人员伤亡或财产损失、严重度风险率等为纵坐标。

（2）横坐标上事故（或故障）类型的排列方式是依据纵坐标上的指标值从大到小顺序依次从左到右进行排列，纵坐标上的指标值根据统计数据的累加百分数得到，数据的累加百分数按照式（6-1）计算。

$$p = \sum_{i=1}^{n} p_i \tag{6-1}$$

（3）累加值为0~80%的称为关键因素，或关键部位，或 A 类因素；累加值为80%~90%的部分称为主要因素，或主要部位，或 B 类因素；累加值为90%~100%的部分称为次要因素，或次要部位，或 C 类因素。

在现代安全管理中，通过 ABC 图的分析，可以查找出关键因素和部位。对 A 类因素要特别重视，重点进行检查和控制，从而避免事故的发生和造成严重的后果。

**例 6-1** 某单位系统安全管理缺陷出现的事故类型统计见表 6-1，采用 ABC 图来直观地表示系统安全管理的关键因素和薄弱环节。

**表 6-1 系统安全管理缺陷出现的事故类型统计**

| 事故类型 | 事故数 | 相对频率/% |
|---|---|---|
| 违反操作规定 | 6258 | 67.02 |
| 现场缺乏检查 | 1050 | 11.24 |
| 不懂操作技术 | 735 | 7.87 |
| 违反劳动纪律 | 329 | 3.53 |
| 劳动组织不合理 | 301 | 3.22 |
| 操作错误 | 272 | 2.91 |
| 指挥错误 | 143 | 1.53 |
| 规章制度不健全 | 137 | 1.47 |
| 没有安全规程 | 113 | 1.21 |
| 总计 | 9338 | 100 |

（1）首先，将表中的事故类型按照相对频率由大到小的顺序进行排列，并得到相对频率的累加值。

（2）然后，以事故类型为横坐标，以相对频率为纵坐标作图。

（3）根据表 6-1 给出的事故类型和相对频率的累加值，在图中找到相应的点。

（4）用折线的方式连接图中的各个点。

图 6-1 给出了某单位系统安全管理的 ABC 分析图。

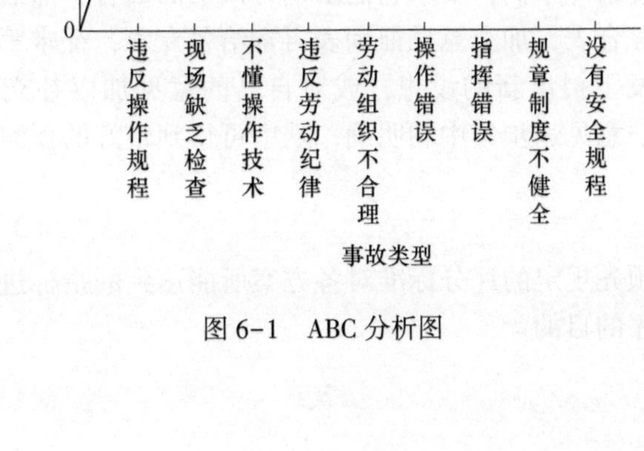


图 6-1 ABC 分析图

由图 6-1 可知，0~80%部分或因素称为关键因素或关键部位，即 A 类因素（如违反操作规程和现场缺乏检查）；80%~90%部分或因素称为 B 类因素（如不懂操作技术和违反劳动纪律）；其余为 C 类因素（如劳动组织不合理、操作错误、指挥错误、规章制度不健全、没有安全规程等）。

ABC 分析法应用在安全管理方面时，若不作 ABC 分析图，可参考表 6-2 来划分 A、B、C 的类别。

**表 6-2 划分 ABC 类别的参考因素**

| 因素 | A | B | C |
|---|---|---|---|
| 事故严重度 | 可能造成人员伤亡 | 可能造成人员严重伤害、严重职业病 | 可能造成轻伤 |
| 对系统影响程度 | 整个系统或两个以上子系统损坏 | 某子系统损坏或功能丧失 | 对系统无多大影响 |
| 财产损失 | 可能造成严重的损失 | 可能造成较大的损失 | 可能造成轻微损失 |
| 事故概率 | 容易发生 | 可能发生 | 不大可能发生 |
| 对策的难度 | 很难防止或投资很大，费时很多 | 能够防止，投资中等，费时不很多 | 易于防止，投资不大，费时少 |

### 6.2.2 智力激励法

智力激励法也称为头脑风暴法或集思广益法，是一种运用集体智慧的方法。个人的创造性是非常重要的，但每个人所掌握的知识和经验是有局限性的。集中一批富有个性的人在一起讨论，由于每人的知识和经验不同，掌握的材料不同，观察问题的角度和分析问题的方法各异，因而在拥有大范围的知识和经验的基础上通过相互讨论与交流，就可以激发出更多的想法与对策。专家评审法、德尔菲法等都属于智力激励法。

#### 6.2.2.1 专家评审法

专家评审法的特点是邀集一批专家内行，针对所要决策的问题，敞开思想，各抒己见，畅所欲言，无言不尽。为了做到这点，还须做以下决定：(1) 与会者没有上下级之分，要平等相待；(2) 允许胡思乱想；(3) 不回避矛盾；(4) 不允许否定和批评别人意见；(5) 可对别人的意见做补充和发表相同意见。这种做法不仅适用于对重大问题的对策，也适用于对一个车间、一个班组的安全问题的决策。

#### 6.2.2.2 德尔菲法

德尔菲法也称为专家预测法。组织者针对要决策的问题，首先编写出一个意见征询表，将问题及要求函寄给专家们，要求它们限期寄回书面回答，然后将所得看法或建议加以概括，整理成一份综合表，加上意见征询表再寄给各专家，征求第二次书面意见，使专家们在别人意见的启发下提出新的设想，或对自己的意见加以补充或修改。根据情况需要，经过几次反馈后，意见逐步集中和明确，从中可得到较好的预测或决策方案。

### 6.2.3 评分法

评分法就是根据预先规定的评分标准对各方案所能达到的指标进行定量计算比较，从而达到对各个方案排序的目的。

（1）评分标准。一般按 5 分制评分：优（5 分）、良（4 分）、中（3 分）、差（2 分）、最差（1 分）。当然也可按 7 个等级评分，这要视决策方案多少及其之间的差别大小和决策者要求而定。

（2）评分方法。多数采用专家打分的办法，即以专家根据评价目标对各个抉择方案评分，然后取其平均值或除去最大、最小值后的平均值作为分值。

（3）评价指标体系。评价指标体系一般应包括三个方面的内容：技术指标、经济指标和社会指标。对于安全问题决策，若有几个不同的技术抉择方案，则其评价指标体系大致有：技术先进性、可靠性、安全性、维修性、可操作性等；经济方面有成本、质量可靠性、原材料、周期、风险率等；社会方面有劳动条件、环境、精神习惯、道德伦理等。当然要注意指标因素不宜过多否则不但难以突出主要因素，而且会造成评价结果不符合实际。

（4）加权系数。由于各评价指标的重要性不一样，必须赋给每个评价指标一个加权系数。为了便于计算，一般取各个评价指标的加权系数 $g_i$ 之和为 1。加权系数值可由经验确定或用判断表法计算，计算各评价指标的加权系数公式为：

$$g_i = \frac{k_i}{\sum_{i=1}^{n} k_i} \tag{6-2}$$

式中　$k_i$——各评价指标的总分；

　　$n$——评价指标数。

判断表见表 6-3，将评价目标的重要性两两比较，同等重要各给 2 分；某一项重要者则分别给 3 分和 1 分；某一项比另一项重要得多，则分别给 4 分和 0 分。将上述对比的给分填入表 6-3 中。

**表 6-3　评价项目的重要性判断表**

| 比较者 | 被比较者 | | | | $k_i$ | $g_i$ |
|---|---|---|---|---|---|---|
| | $A$ | $B$ | $C$ | $D$ | | |
| $A$ | | 1 | 0 | 1 | 2 | 0.083 |
| $B$ | 3 | | 1 | 2 | 6 | 0.250 |
| $C$ | 4 | 3 | | 3 | 10 | 0.417 |
| $D$ | 3 | 2 | 1 | | 6 | 0.250 |
| 重要性排序 $C>B>D>A$ | | | | | $\sum_{i=1}^{4} k_i = 24$ | $\sum_{i=1}^{4} g_i = 1.0$ |

（5）计算总分。计算总分也有多种方法，可根据其适用范围选用，总分或有效值高者当为首选方案。

1）加法评分法。加法评分法是将各评价项目的得分值依次相加，各评价项目得分值之和即为系统的总评价分数，即

$$F = \sum_{i=1}^{n} F_i \tag{6-3}$$

式中 $F$——总评价分数；

$F_i$——评价项目 $i$ 的评价分数；

$n$——评价项目的数目。

这种方法简单易行，但它将各评价项目平等对待，往往会忽视主要项目的决定性作用，使评价结果与系统的实际安全状况之间产生一定的偏差。

2）加乘评分法。加乘评分法是将各评价项目分成若干小组，首先将每组之内各项目的得分值相加求出小组的得分值，然后将各组的得分值相乘，求出系统的总评价分数，即

$$F = \prod_{i=1}^{m} \sum_{j=1}^{n} F_{ij} \tag{6-4}$$

式中 $F_{ij}$——第 $i$ 组中项目 $j$ 的得分；

$m$——小组数目。

采用这种评价方法时，若某组的得分值较小，则对总评价分数的影响较大。采用这种方法可以明显地反映出各组的得分状况，可以促使被评价单位全面地做好安全工作。但是，这种评价方法仍然未能客观地表示主要评价项目的决定性作用。

3）加权评分法。加权评分法中，按各评价项目的重要性程度对其分配权数。计算总评价分数时，将各项目的得分值乘以该项目的权数，然后再相加，即

$$F = \sum_{i=1}^{n} Q_i F_i \tag{6-5}$$

式中，$Q_i$ 为评价项目 $i$ 的权数；其他符号意义同前。

### 6.2.4 决策树分析法

决策树是决策过程一种有序的概率图解表示，因此，决策树分析法又称概率分析决策方法，是风险型决策中的基本方法之一。决策树分析法是一种演绎性方法，它将决策对象按其因果关系分解成连续的层次与单元，以图的形式进行决策分析，由于这种决策图形似树枝，故俗称“决策树”。

6.2.4.1 决策树的结构

决策树的结构如图 6-2 所示。

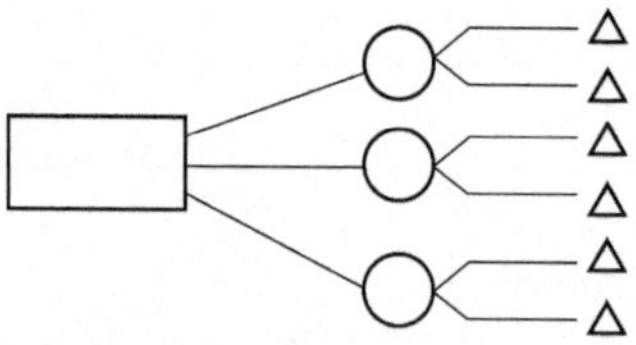

图 6-2 决策树示意图

图 6-2 中矩形符号“□”表示决策点，从它引出的分支称为方案分支，分支数即为提出的方案数。圆形符号“○”表示方案结点（也称自然状态点），从它引出的分支称为概率分支，每条分支上面应注明自然状态（客观条件）及其概率值，分支数即为可能出现

的自然状态数。三角形符号“△”表示结果节点（也称末梢），它旁边的数值是每一方案在相应状态下的收益值。

6.2.4.2 决策步骤

首先根据问题绘制决策树，然后根据概率分支的概率值和相应结果节点的收益值，计算各概率点的收益期望值，并分别标在各概率点上，再根据概率点期望值的大小，找出最优方案。

6.2.4.3 决策树分析法的优点

决策树分析法的优点为：

（1）决策树能显示出决策过程，不但能统观决策过程的全局，而且能在此基础上系统地对决策过程进行合理分析，集思广益，便于做出正确决策。

（2）决策树显示把一系列具有风险性的决策环节联系成一个统一的整体，有利于在决策过程中周密思考，能看出未来发展的几个步骤，易于比较各种方案的优劣。

（3）决策树法既可进行定性分析，也可进行定量分析。

6.2.4.4 应用举例

**例 6-2** 某厂因生产需要，考虑是否自行研制一个新的安全装置。首先，这个研制项目是否需要评审，如果评审，则需要评审费 5000 元；不评审，则可省去这项评审费用。如果决定评审，评审通过概率为 0.8，不通过的概率为 0.2。每种研制形式都有失败可能，如果研制成功（无论哪一种形式），能有 6 万元收益：若采用“本厂独立完成”形式，则研制费为 2.5 万元，成功概率为 0.7，失败概率为 0.3；若采用“外厂协作”形式（包括先评审），则支付研制费用为 4 万元，成功概率为 0.99，失败概率为 0.01。针对上述问题进行决策。

**解：** 首先画出决策树，如图 6-3 所示。

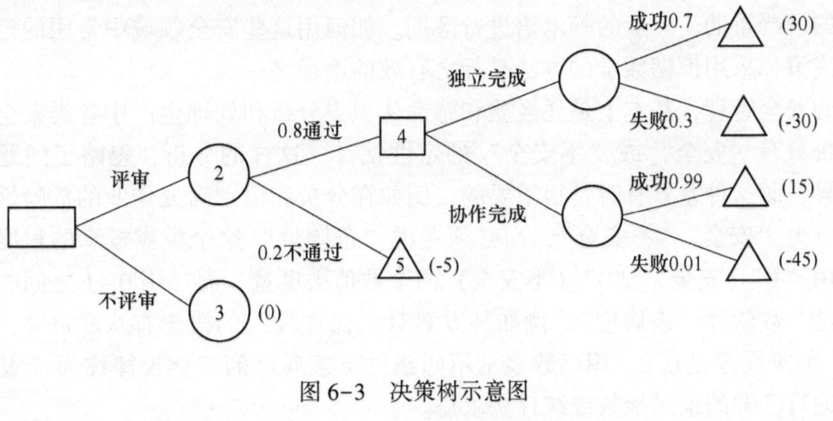


图 6-3 决策树示意图

根据上述数据计算各结点的收益（收益=效益-费用）

独立研制成功的收益（千元）：

$$60-5-25=30$$

独立研制失败的收益（千元）：

$$0-5-25=-30$$

协作研制成功的收益（千元）：

$$60-5-40=15$$

协作研制失败的收益（千元）：

$$0-5-40=-45$$

按照期望值公式计算期望值，期望值公式为：

$$E(V_i) = \sum_{i=1}^{n} P_i V_i \tag{6-6}$$

式中 $V_i$——事件 $i$ 的条件值；

$P_i$——特定事件 $i$ 发生的概率；

$n$——事件总数。

独立研制成功的期望值：

$$E(V_0) = 0.7 \times 30 + 0.3 \times (-30) = 12(\text{千元})$$

协作研制成功的期望值：

$$E(V_1) = 0.99 \times 15 + 0.01 \times (-45) = 14.4(\text{千元})$$

根据期望值决策准则，若决策目标是收益最大，则采用期望值最大的行为方案，如果决策目标是使损失最小，则选定期望值最小的方案，本例选用期望值最大者，即选用协作完成形式。

### 6.2.5 模糊决策法

利用模糊数学的方法将模糊的安全信息定量化从而对多因素进行定量评价与决策，就是模糊决策法。

这里所说的模糊的安全信息，其实就是我们常说的描述与安全有关的定性术语。例如预测事故发生，常用可能性很大、可能性不大或很小；预测事故后果时，常用灾难性的、非常严重的、严重的、一般的等术语进行区别。如何用这些安全领域中常用的定性术语进行评价和决策，采用模糊数学的方法是行之有效的途径之一。

传统的安全管理，基本上是凭经验和感性认识去分析和处理生产中各类安全问题，对系统的评价只有“安全”或“不安全”的定性估计。这样的分析，忽略了问题性质的程度上的差异，而这种差异有时是很重要的。例如在分析和识别高处作业的危险性时，不能简单地划分为“安全”“不安全”，而必须考虑“危险性”这个模糊概念的程度。模糊概念不是只用“1”（安全）、“0”（不安全）两个数值去度量，而是用0~1之间的一个实数去度量，这个数就称“隶属度”。例如某方案对“操作性”的概念有八成符合，即称它对“操作性”的隶属度是0.8。用函数表示不同条件下隶属度的变化规律称为“隶属函数”。隶属度可通过已知的隶属函数或统计法求得。

模糊决策法的步骤如下。

（1）建立因素集。因素集是指以所决策（评价）系统中影响评判的各种因素为元素所组成的集合，通常用 $U$ 表示，即

$$U = \{u_1, u_2, \cdots, u_m\}$$

各元素 $u_i$（$i=1, 2, \cdots, m$）即代表各影响因素。这些因素通常都具有不同程度的模糊性。例如，评判作业人员的安全生产素质时，为了通过综合评判得出合理的值，可列出影

响作业人员的安全生产素质取值的因素，一般包括：$u_1$ 为安全责任心；$u_2$ 为所受安全教育程度；$u_3$ 为文化程度；$u_4$ 为作业纠错技能；$u_5$ 为故障监测技能；$u_6$ 为一般故障排除技能；$u_7$ 为事故临界状态的辨识及应急操作技能。

上述因素 $u_1 \sim u_7$ 都是模糊的，由它们组成的集合，便是评判操作人员的安全生产技能的因素集。

（2）建立权重集。一般来说，因素集 $U$ 中的各因素对安全系统的影响程度是不一样的。为了反映各因素的重要程度，对各个因素应赋予相应的权数，由各权数所组成的集合：

$$A = \{a_1,\ a_2,\ \cdots,\ a_m\}$$

$A$ 称为因素权重集，简称权重集。

各权数 $a_i$ 应满足归一性和非负性条件：

$$\sum_{i=1}^{m} a_i = 1,\ a_i \geqslant 0 \tag{6-7}$$

它们可视为各因素 $u_i$ 对"重要"的隶属度。因此，权重集是因素集上的模糊子集。

（3）建立评判集。评判集是评判者对评判对象可能做出的各种总的评判结果所组成的集合。通常用 $V$ 表示，即

$$V = \{v_1,\ v_2,\ \cdots,\ v_m\}$$

各元素 $v_i$ 即代表各种可能的总评判结果。模糊综合评判的目的，就是在综合考虑所有影响因素基础上，从评判集中得出一个最佳的评判结果。

（4）单因素模糊评判。单独从一个因素进行评判，以确定评判对象对评判集元素的隶属度，称为单因素模糊评判。

设对因素集 $U$ 中第 $i$ 个因素 $u_i$ 进行评判，对评判集 $V$ 中第 $j$ 个元素 $v_i$ 的隶属度为 $r_{ij}$，则按第 $i$ 个因素 $u_i$ 的评判结果，可得模糊集合：

$$R_i = \{r_{i1},\ r_{i2},\ \cdots,\ r_{in}\}$$

同理，可得到相应于每个因素的单因素评判集如下：

$$R_1 = \{r_{11},\ r_{12},\ \cdots,\ r_{1n}\}$$
$$R_2 = \{r_{21},\ r_{22},\ \cdots,\ r_{2n}\}$$
$$\vdots$$
$$R_m = \{r_{m1},\ r_{m2},\ \cdots,\ r_{mn}\}$$

将各单因素评判集的隶属度行组成矩阵，又称为评判（决策）矩阵：

$$R = \begin{bmatrix} r_{11} & \cdots & r_{1n} \\ \vdots & & \vdots \\ r_{m1} & \cdots & r_{mn} \end{bmatrix} \tag{6-8}$$

（5）模糊综合决策。单因素模糊评判，仅反映了一个因素对评判对象的影响。要综合考虑所有因素的影响，得出正确的评判结果，这就是模糊综合决策。

如果已给出决策矩阵 $\boldsymbol{R}$，再考虑各因素的重要程度，即给定隶属函数或权重集 $A$，则模糊综合决策模型为：

$$B = A\boldsymbol{R}$$

评判集 $V$ 上的模糊子集，表示系统评判集诸因素的相对重要程度。

**例 6-3** 假设评判某类事故的危险性一般可考虑事故发生的可能性 $u_1$ 、事故后的严重程度 $u_2$ 、对社会造成的影响 $u_3$ 以及防止事故的难易程度 $u_4$ 。这 4 个因素就可构成危险性的因素集，即

$$U=\begin{Bmatrix}\text{事故发生的可能性}(u_1)\text{，事故后的严重程度}(u_2)\text{，}\\ \text{对社会造成的影响}(u_3)\text{，防止事故的难易程度}(u_4)\end{Bmatrix}$$

由于因素集中各因素对安全系统影响程度是不一样的，因此要考虑权重系数。若判断人确定的权重系数用集合表示，即权重集为：

$$A=(0.5,\ 0.2,\ 0.2,\ 0.1)$$

建立评判集。若评判人对评判对象可能做出各种总的评语为危险性很大、较大、一般、小，则评判集为 $V=$ {很大（$v_1$）、较大（$v_2$）、一般（$v_3$）、小（$v_4$）}

对因素集中的各个因素的评判，可用专家座谈的方式来评定。具体做法是：任意固定一个因素，进行单因素评判，联合所有单因素评判，得单因素评判矩阵 $\boldsymbol{R}$。如对事故发生的可能性 $u_i$ 这个因素评判：若有 40%的人认为很大，50%的人认为较大，10%的人认为一般，没有人认为不会发生，则评判集为：

$$(0.4,\ 0.5,\ 0.1,\ 0)$$

同理，可得到其他 3 个因素的评判集，即事故严重程度的评判集为：

$$(0.5,\ 0.4,\ 0.1,\ 0)$$

对社会影响程度的评判集为：

$$(0.1,\ 0.3,\ 0.5,\ 0.1)$$

防止事故难易程度的评判集为：

$$(0,\ 0.3,\ 0.5,\ 0.2)$$

于是可将各单因素评判集的隶属度分别为行组成评判矩阵：

$$\boldsymbol{R}=\begin{bmatrix}0.4 & 0.5 & 0.1 & 0\\ 0.5 & 0.4 & 0.1 & 0\\ 0.1 & 0.3 & 0.5 & 0.1\\ 0 & 0.3 & 0.5 & 0.2\end{bmatrix}$$

则这类事故危险性综合评判模型为：

$$B=A\boldsymbol{R}$$

将 $A$ 和 $\boldsymbol{R}$ 代入，计算：

$$B=(0.5,\ 0.2,\ 0.2,\ 0.1)\cdot\begin{bmatrix}0.4 & 0.5 & 0.1 & 0\\ 0.5 & 0.4 & 0.1 & 0\\ 0.1 & 0.3 & 0.5 & 0.1\\ 0 & 0.3 & 0.5 & 0.2\end{bmatrix}$$

$$=\begin{bmatrix}(0.5\cap 0.4)\cup & (0.2\cap 0.5)\cup & (0.2\cap 0.1)\cup & (0.1\cap 0)\\ (0.5\cap 0.5)\cup & (0.2\cap 0.4)\cup & (0.2\cap 0.3)\cup & (0.1\cap 0.3)\\ (0.5\cap 0.1)\cup & (0.2\cap 0.1)\cup & (0.2\cap 0.5)\cup & (0.1\cap 0.5)\\ (0.5\cap 0)\cup & (0.2\cap 0)\cup & (0.2\cap 0.1)\cup & (0.1\cap 0.2)\end{bmatrix}$$

$$\begin{bmatrix} 0.4 \cup 0.2 \cup 0.1 \cup 0 \\ 0.5 \cup 0.2 \cup 0.2 \cup 0.1 \\ 0.1 \cup 0.1 \cup 0.2 \cup 0.1 \\ 0 \cup 0 \cup 0.1 \cup 0.1 \end{bmatrix}^{\mathrm{T}} = (0.4,\ 0.5,\ 0.2,\ 0.1)$$

$B$ 就代表评判集结果，但是因为 $0.4+0.5+0.2+0.1=1.2$，不容易看出百分比例关系，为此可进行归一化处理：

$$B' = \left(\frac{0.4}{1.2},\ \frac{0.5}{1.2},\ \frac{0.2}{0.2},\ \frac{0.1}{1.2}\right) = (0.33,\ 0.42,\ 0.17,\ 0.08)$$

也就是说，对这类事故就上述 4 个因素的综合决策为：33%的评价人认为危险性很严重，有 42%的人认为较严重，有 17%的人认为危险性一般，有 8%的评价人认为这类事故的危险性或风险性小。

## 6.3　安全对策措施

系统危险控制是通过对系统进行全面评价和事故预测，根据评价和预测的结果，对事故隐患采取针对性的限制措施和控制事故发生的对策，是安全系统工程的最终目的。

广义讲，企业生产中运用的各种具体事故预防措施以及各种分析、预测、评价方法，都是系统危险控制的一部分。

### 6.3.1　危险控制的目的

在现阶段的安全科学技术水平下，危险控制的目的主要是以最低的消耗，采取安全对策措施降低事故发生概率和事故后果严重程度。

### 6.3.2　危险控制技术

危险控制技术有宏观控制技术和微观控制技术。

宏观控制技术是以整个系统作为控制对象，运用系统工程的原理，对危险进行控制。采用的手段主要有：法制手段、经济手段和教育手段。

微观控制技术是以具体危险源为控制对象，以系统工程的原理为指导，对危险进行控制。所采用的手段主要是安全技术措施和安全管理措施，随着对象的不同，措施也不同。

宏观控制技术与微观控制技术互相依存，互为补充，互相制约，缺一不可。

### 6.3.3　危险控制的原则

危险控制的原则有：

（1）闭环控制原则。系统包括输入输出，通过信息反馈进行决策，并控制输入。这样一个完整的控制过程称为闭环控制系统，如图 6-4 所示。通过闭环控制可以达到系统优化的目的。

（2）动态控制原则。系统是运动、变化的，而非静止不变的，只有正确、适时地进行控制，才能收到预期效果。

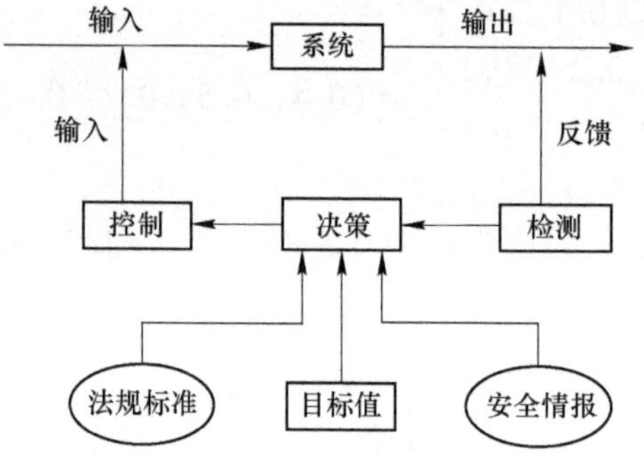


图 6-4　闭环控制系统

（3）分级控制原则。系统中的各子系统、分系统，其规模、范围互不相同，危险的性质、特点亦不相同。因此必须分级控制，各子系统可以自己调整和实现控制，如图 6-5 所示。

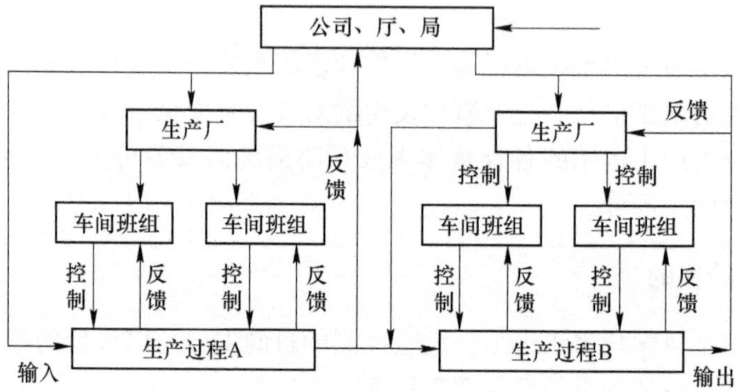


图 6-5　分级控制系统

（4）多层次控制原则。对于系统危险，必须采取多层次控制，以增加其可靠度。一般分 6 个层次：根本的预防性控制、补充性控制、防止事故扩大的预防性控制、维护性能的控制、经常性控制和紧急性控制。

各层次控制采取的具体内容，随系统危险性质的不同而不同。是否采取 6 个层次，则视其危险程度和严重性而定。

## 6.3.4　安全对策措施的基本要求及应遵循的原则

### 6.3.4.1　安全对策措施的基本要求

在考虑、提出安全对策措施时，有如下基本要求：

（1）能消除或减弱生产过程中产生的危险、危害。

（2）处置危险和有害物，并降低到国家规定的限值内。

（3）预防生产装置失灵和操作失误产生的危险、危害。

（4）能有效地预防重大事故和职业危害的发生。

（5）发生意外事故时，能为遇险人员提供自救和互救条件。

#### 6.3.4.2 安全对策措施制定的原则

在安全对策措施制定时，应遵守如下原则：

（1）安全技术措施等级顺序。当安全技术措施与经济效益发生矛盾时应优先考虑安全技术措施上的要求，并应按下列安全技术措施等级顺序选择安全技术措施：

1）直接安全技术措施。生产设备本身应具有本质安全性能，不出现任何事故和危害。

2）间接安全技术措施。若不能或不完全能实现直接安全技术措施时，必须为生产设备设计出一种或多种安全防护装置（不得留给用户去承担），最大限度地预防、控制事故或危害的发生。

3）指示性安全技术措施。间接安全技术措施也无法实现或实施时，须采用检测报警装置、警示标志等措施，警告、提醒作业人员注意，以便采取相应的对策措施或紧急撤离危险场所。

4）若间接、指示性安全技术措施仍然不能避免事故、危害发生，则应采用安全操作规程、安全教育、培训和个体防护用品等措施来预防、减弱系统的危险、危害程度。

（2）根据安全技术措施等级顺序要求所应遵循的具体原则。

1）消除。通过合理的设计和科学的管理，尽可能从根本上消除危险、有害因素，如采用无害化工艺技术，生产中以无害物质代替有害物质，实现自动化作业、遥控技术等。

2）预防。当消除危险、有害因素确有困难时，可采取预防性技术措施，预防危险、危害的发生，如使用安全阀、安全屏护、漏电保护装置、安全电压、熔断器、防爆膜、事故排放装置等。

3）减弱。在无法消除危险、有害因素和难以预防的情况下，可采取减少危险、危害的措施，如采用局部通风排毒装置、生产中以低毒性物质代替高毒性物质、降温措施、避雷装置、消除静电装置、减振装置、消声装置等。

4）隔离。在无法消除、预防、减弱的情况下，应将人员与危险、有害因素隔开和将不能共存的物质分开，如遥控作业、安全罩防护屏、隔离操作室、安全距离、事故发生时的自救装置（如防护服、各类防毒面具）等。

5）连锁。当操作者失误或设备运行一旦达到危险状态时，应通过连锁装置终止危险、危害发生。

6）警告。在易发生故障和危险性较大的地方，配置醒目的安全色、安全标志；必要时设置声、光或声光组合报警装置。

（3）安全对策措施应具有针对性、可操作性和经济合理性。

（4）对策措施应符合有关的国家标准和行业安全设计规定的要求。

### 6.3.5 安全技术对策措施

安全技术对策措施的原则是优先应用无危险或危险性较小的工艺和物料，广泛采用综合机械化、自动化生产装置（生产线）和自动化监测、报警、排除故障和安全连锁保护等装置，实现自动化控制、遥控或隔离操作。尽可能防止操作人员在生产过程中直接接触可能产生危险因素的设备、设施和物料，使系统在人员误操作或生产装置（系统）发生故障的情况下也不会造成事故的综合措施，是应优先采取的对策措施。

安全技术对策措施应考虑以下几个方面：

（1）选址及厂区平面布局的对策措施：包括项目选址和厂区平面布置等。

（2）防高处坠落、物体打击对策措施：高处作业的安全防护、安全色和安全标志等。

（3）其他。如体力劳动对策措施，定员编制、工时制度和劳动组织（包括安全卫生机构的设置）、工厂辅助用室的设置、女职工劳动保护等。

### 6.3.6 安全管理对策措施

安全管理对策措施包括建立健全各项安全管理规章制度、合理配置安全管理机构和安全管理人员、加强安全培训教育和考核、保证与加强安全投入、实施监督与日常检查等。

## 6.4 本章小结

本章主要介绍了安全决策的概念、ABC 分析法、智力激励法、评分法、决策树分析法、模糊决策法等常用的系统安全决策方法和安全决策措施。

**复习思考题**

6-1 什么是安全决策？

6-2 ABC 分析法的分析步骤。

6-3 决策树的结构。

6-4 说明常用的安全对策措施。

# 参考文献

[1] 徐志胜，姜学鹏．安全系统工程［M］．3版．北京：机械工业出版社，2016.
[2] 刘辉．安全系统工程［M］．北京：中国建筑工业出版社，2016.
[3] 邓奇根，高建良，刘明举［M］．徐州：中国矿业大学出版社，2011.
[4] 林柏泉，张景林．安全系统工程［M］．北京：中国劳动社会保障出版社，2007.
[5] 邓琼．安全系统工程［M］．西安：西北工业大学出版社，2009.
[6] 罗云．风险分析与安全评价［M］．3版．北京：化学工业出版社，2016.
[7] 林友，王育军．安全系统工程［M］．2版．北京：冶金工业出版社，2016.
[8] 田宏．安全系统工程［M］．北京：中国质检出版社，2014.
[9] 王洪德．安全系统工程［M］．北京：国防工业出版社，2013.
[10] 景国勋，施式亮．系统安全评价与预测［M］．北京：中国矿业大学出版社，2009.
[11] 谢振华．安全系统工程［M］．北京：冶金工业出版社，2010.
[12] 许素睿．安全系统工程［M］．上海：上海交通大学出版社，2015.
[13] 袁昌明，张晓冬，章保东．安全系统工程［M］．北京：中国计量出版社，2006.
[14] 王起全．安全评价程［M］．北京：化学工业出版社，2015.
[15] 汪元辉．安全系统工程［M］．天津：天津大学出版社，1999.
[16] 邵辉．系统安全工程［M］．北京：石油工业出版社，2008.
[17] 樊运晓，罗云．系统安全工程［M］．北京：化学工业出版社，2009.
[18] 何学秋．安全工程学［M］．徐州：中国矿业大学出版社，2009.
[19] 陈全．事故致因因素和危险源理论分析［J］．中国安全科学学报，2009(10)：67-71.
[20] 高进东，吴宗之，王广亮．论我国重大危险源辨识标准［J］．中国安全科学学报，1999(06)：5-9.
[21] 钱新明，陈宝智．危险源辨识与安全分析［J］．劳动保护科学技术，1994(06)：7-10.
[22] 李争峰．对危险源辨识、风险评价技术方法的应用探讨［J］．石油化工安全技术，2005(3)：3-5.
[23] 沈斐敏．安全系统工程理论与应用［M］．北京：煤炭工业出版社，2001.
[24] 左东红，等．安全系统工程［M］．北京：化学工业出版社，2004.
[25] 刘铁民，等．安全评价方法应用指南［M］．北京：化学工业出版社，2005.
[26] 蒋军成，等．安全系统工程［M］．北京：化学工业出版社，2004.
[27] 张景林，崔国璋．安全系统工程［M］．北京：煤炭工业出版社，2002.
[28] 李华，胡奇英．预测与决策教程［M］．北京：机械工业出版社，2012.
[29] 黄强，等．河川径流时间序列分析预测理论与方法［M］．郑州：黄河水利出版社，2008.
[30] 刘岚岚、刘品．可靠性工程基础［M］．北京：中国质检出版社，2014.
[31] 王金武．可靠性工程基础［M］．北京：科学出版社，2013.
[32] 王文静．可靠性工程基础［M］．北京：北京交通大学出版社，2012.
[33] 刘诗飞，姜威．重大危险源辨识与控制［M］．北京：冶金工业出版社，2012.